10	11	12	13	14	15	16	17	18
								$_2$He 4.0 ヘリウム
			$_5$B 11 ホウ素	$_6$C 12 炭素	$_7$N 14 窒素	$_8$O 16 酸素	$_9$F 19 フッ素	$_{10}$Ne 20 ネオン
			$_{13}$Al 27 アルミニウム	$_{14}$Si 28 ケイ素	$_{15}$P 31 リン	$_{16}$S 32 硫黄	$_{17}$Cl 35.5 塩素	$_{18}$Ar 40 アルゴン
$_{28}$Ni 59 ニッケル	$_{29}$Cu 63.5 銅	$_{30}$Zn 65.4 亜鉛	$_{31}$Ga 70 ガリウム	$_{32}$Ge 73 ゲルマニウム	$_{33}$As 75 ヒ素	$_{34}$Se 79 セレン	$_{35}$Br 80 臭素	$_{36}$Kr 84 クリプトン
$_{46}$Pd 106 パラジウム	$_{47}$Ag 108 銀	$_{48}$Cd 112 カドミウム	$_{49}$In 115 インジウム	$_{50}$Sn 119 スズ	$_{51}$Sb 122 アンチモン	$_{52}$Te 128 テルル	$_{53}$I 127 ヨウ素	$_{54}$Xe 131 キセノン
$_{78}$Pt 195 白金	$_{79}$Au 197 金	$_{80}$Hg 201 水銀	$_{81}$Tl 204 タリウム	$_{82}$Pb 207 鉛	$_{83}$Bi 209 ビスマス	$_{84}$Po (210) ポロニウム	$_{85}$At (210) アスタチン	$_{86}$Rn (222) ラドン
$_{110}$Ds (281) ダームスタチウム	$_{111}$Rg (280) レントゲニウム	$_{112}$Cn (285) コペルニシウム					ハロゲン	希ガス

（注）計算問題で原子量が必要な場合は，上の周期表の値を用いること．

化学基礎 CONTENTS

- 本書の見方 …………………………… 2
- 授業のはじめに ……………………… 4
- 化学を学ぶ3つの目的 ……………… 6

第1講 原子の構造・周期表　7
- 単元1 原子の構造 ………………… 8
- 単元2 周期表 ……………………… 26

第2講 元素の性質・化学結合　49
- 単元1 元素の性質 ………………… 50
- 単元2 化学結合 …………………… 65

第3講 結晶の種類・分子の極性　87
- 単元1 結晶とは何か？ …………… 88
- 単元2 分子の極性 ………………… 105
- 単元3 分子間にはたらく力 ……… 115

第4講 化学量・化学反応式　125
- 単元1 化学量 ……………………… 126
- 単元2 化学反応式と物質量 ……… 137
- 単元3 化学反応式の表す意味 …… 141
- 単元4 結晶格子 …………………… 150

第5講 溶液・固体の溶解度　171
- 単元1 溶液の濃度 ………………… 172
- 単元2 固体の溶解度 ……………… 179

第6講	酸と塩基	191
単元1	酸・塩基	192
単元2	水素イオン濃度とpH	197
単元3	中和反応と塩	200
単元4	指示薬と中和滴定	203

年　月　日　☐☐☐☐

第7講	酸化還元	231
単元1	酸化還元	232
単元2	酸化剤，還元剤の半反応式	240
単元3	イオン反応式と化学反応式	248

年　月　日　☐☐☐

第8講	電池・三態変化	261
単元1	電池	262
単元2	三態変化	277

年　月　日　☐☐

Column　化学計算は比例の関係 ……………………………… 124
特別復習テスト　物質の構成について理解しよう！ ……………… 284
「岡野流　必須ポイント」「要点のまとめ」INDEX …………… 288
「演習問題で力をつける」「確認問題にチャレンジ」「例題」INDEX …… 290
索引 …………………………………………………………… 291
アドバイス …………………………………………………… 295

※本書は『岡野の化学が初歩からしっかり身につく「理論化学①」』に加筆・変更を加え，「化学基礎」向けに作成したものです。そのため，内容が一部重複しているところがあります。

本書の見方

　本書では8つの講義で「化学基礎」を基本から学んでいきます。各講は複数の単元にわかれています。また,「演習問題」「確認問題」「例題」「特別復習テスト」が27あり,知識を定着することができます。わかりやすく,ていねいな授業なので,化学が苦手な人も確実に力をつけることができます。

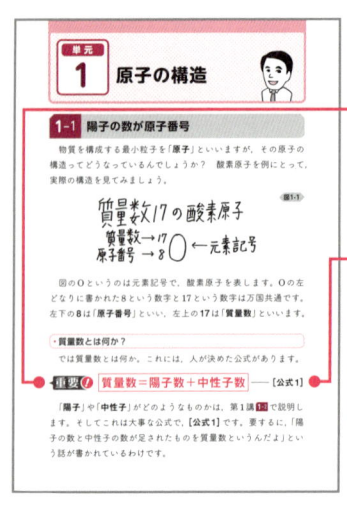

重要!
ホントに重要なところに絞って,岡野流で取り上げています。絶対大事なところです。

[公式]
巻末ページの「最重要化学公式一覧」と連動しています。いつでも確認できるようになっています。

連続 図
化学の現象をわかりやすく連続的に表した図です。図を番号順に追うことで,イメージをつかむことができます。

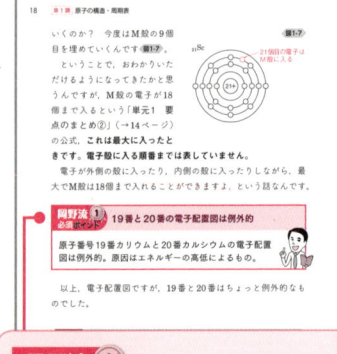

岡野流 ① 必須ポイント
岡野先生オリジナルの考え方,解き方です。岡野流でドンドン力がつく大事なポイントです。

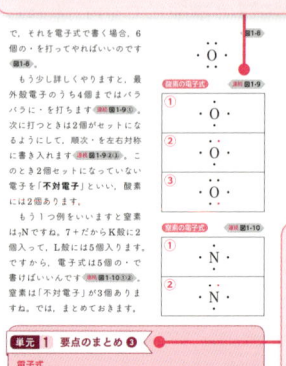

要点のまとめ
各単元の要点がシンプルにまとまっています。ここを見ることで要点がしっかり確認できます。

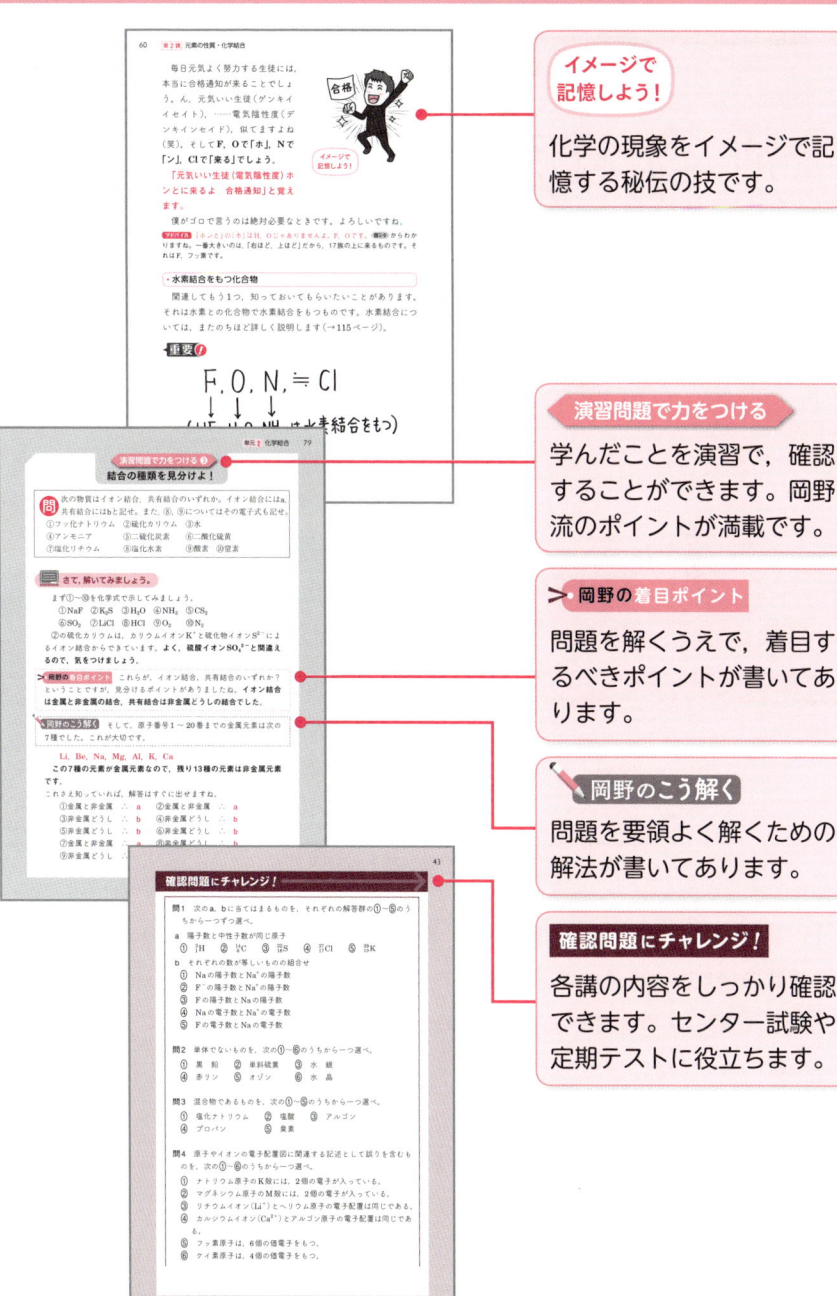

イメージで記憶しよう！
化学の現象をイメージで記憶する秘伝の技です。

演習問題で力をつける
学んだことを演習で，確認することができます。岡野流のポイントが満載です。

岡野の着目ポイント
問題を解くうえで，着目するべきポイントが書いてあります。

岡野のこう解く
問題を要領よく解くための解法が書いてあります。

確認問題にチャレンジ！
各講の内容をしっかり確認できます。センター試験や定期テストに役立ちます。

授業のはじめに

原子の構造

☆ 質量数＝陽子数＋中性子数
　　　　　‖
　　　　原子番号

質量数17の酸素原子

質量数 →⑰ ○ ← 元素記号
原子番号→⑧

> はじめまして，
> 私が化学の岡野です。
> この授業は，化学が苦手な方でも，
> 次第に力がついてきますから，
> どうぞがんばってついてきて
> いただきたいと思います。

本書「化学基礎」の特徴

　「化学基礎」は主に「物質の構成」と「物質の変化」で構成されています。

　「物質の構成」は原子の構造，元素の性質，結晶の種類，分子の極性，三態変化など，理解して覚えていく内容が多いところです。

　「物質の変化」は物質量，溶液，酸・塩基，酸化・還元，電池など，計算が多い分野です。

　「物質の変化」の単元はただ暗記していけばいいという分野ではありません。根本から理解し，量的な関係をつかむことが大切です。それによって，幅広い応用問題にも対応していけるのです。

　もちろん定期試験や大学入試でも，高得点を目指していくことができます。

分かりやすい授業

　本書は，化学が苦手な人でも初歩からしっかり学べるよう，講義形式で，ていねいに解説しています。

　文系・理系を問わず，受験生はもちろん，高1, 2年生のみなさんの「なぜ」「どうして」という疑問に，できるだけお答えしていけるように執筆しました。

「化学基礎」の学習は「バランスよく」が大事

　「化学基礎」は範囲も狭く，勉強しやすい科目です。

　理解して覚える分野と，計算する分野をうまく使い分けしていくことが大事です。

　これらの分野をバランスよく勉強することで，センター試験「化学基礎」であれば，90%〜100%（45〜50点）を目指していきます。

　きちんと整理しながら理解し，頭の中に入れていけば，化学がどんどん面白くなってくるでしょう。

化学を学ぶ3つの目的

　ところで，みなさんはなぜ化学を学びますか？　私は，化学には主に3つの目的があると思います。

目的その1　1つ目は「物質の中身を調べること」です。例えば，水は水素と酸素という原子からできているとか，食塩はナトリウムイオンと塩化物イオンからできているとかを調べることです（名称がよくわからないという方！　これから勉強していくので大丈夫ですよ）。あるいは汚染された河川の水質を調べることも，目的の1つです。

目的その2　2つ目は「物質がどのような反応を起こすかを調べたり，予測したりすること」です。過酸化水素水に酸化マンガン（Ⅳ）（Ⅳの意味は102ページを参照してください）を加えると水と酸素を生じることとか，毎日の煮炊きに使うプロパンガスが燃えると，二酸化炭素と水を生じることとかを調べたり，予測したりすることです。後者の反応は実際に実験しなくても，実は予測ができるのです。

目的その3　3つ目は「量的な関係を計算により予測すること」です。例えばプロパンガス44gを燃やしてすべて反応し終えたとき，酸素が160g使われ，二酸化炭素は132g，水は72gを生じることが計算できます。このような予測も目的の1つなんですね。

　いかがでしたか？　化学の目的というものが少しでもおわかりいただけましたか？　化学の目的がわかれば，化学を学ぶ意味が見えてきますね。

　あせったり，不安にならなくても大丈夫です。では早速，やってまいりましょう。第1講は，「原子の構造・周期表」というところです。さあ，私といっしょに，最後までがんばっていきましょう。

　なお本書の執筆では，大坪譲・吉澤早織の両氏に，編集作業では渡邉悦司氏に終始お世話になりました。感謝の意を表します。

2016年5月吉日

岡野 雅司

第 1 講

原子の構造・周期表

- **単元1** 原子の構造
- **単元2** 周期表

第1講のポイント

第1講は「原子の構造・周期表」というところです。

自然界に存在する物質の最小単位,「原子」とはどういうものか? 言葉の意味を正確に理解し,特徴をつかみましょう。

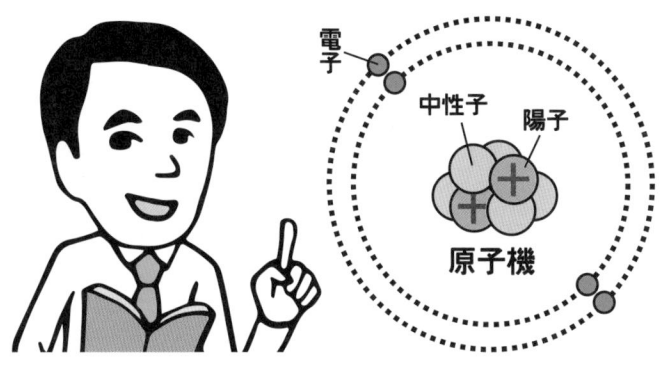

単元 1 原子の構造

1-1 陽子の数が原子番号

　物質を構成する最小粒子を「**原子**」といいますが，その原子の構造ってどうなっているんでしょうか？　酸素原子を例にとって，実際の構造を見てみましょう。

図1-1

質量数17の酸素原子
質量数→17
原子番号→8 O ←元素記号

　図のOというのは元素記号で，酸素原子を表します。Oの左どなりに書かれた8という数字と17という数字は万国共通です。左下の8は「**原子番号**」といい，左上の17は「**質量数**」といいます。

・質量数とは何か？

　では質量数とは何か。これには，人が決めた公式があります。

重要❗ 質量数＝陽子数＋中性子数 ──［公式1］

　「**陽子**」や「**中性子**」がどのようなものかは，第1講 1-2 で説明します。そしてこれは大事な公式で，［公式1］です。要するに，「陽子の数と中性子の数が足されたものを質量数というんだよ」という話が書かれているわけです。

単元 1 原子の構造

ちょっと巻末の見返しを見ていただけますか。ここに「**最重要化学公式一覧**」が出ています。化学基礎に関してはこの，たった8種類の公式でほとんど大丈夫なんです。ウソみたいなんですが。

では，[公式1]にちょっとつけ加えますよ。

重要！ 質量数＝陽子数＋中性子数 ── [公式1]
　　　　　　　　‖
　　　　　　　原子番号

「原子番号」と「陽子数」は常にイコールです。原子番号とは，すなわち陽子の数を表しているんです。

つまり 図1-1 に8と書いてあるのが酸素原子の原子番号であり，酸素原子には陽子の数が8個入っていることを表しているわけです。

1-2 酸素原子の構造を探れ！

• 陽子と中性子

図1-2 を見てください。質量数17の酸素原子の図が出ています。見ていただきますと，「**陽子**」とか「**中性子**」とか，それぞれの名前が出ています。もちろんわかっておられると思いますが，陽子と言わずに，ヨウシと読みます（笑）。陽子は⊕印ですね。つまり陽子とはプラスの電荷をもった粒子のことなんです。一方，何もついてない〇印は電気的に中性な粒子であり，中性子といっています。

図1-2 質量数17の酸素原子
陽子
電子殻（K殻, L殻）
中性子
原子核
電子

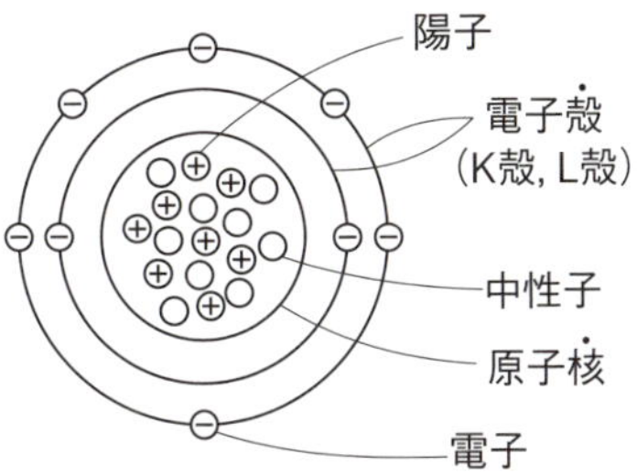

この陽子と中性子，⊕とただの○を含んだ全体のことを「**原子核**」というんです。

- **電子**

今度は，原子核の外側を見ていただきますと，⊖で表された「**電子**」が，陽子と同じ数だけ回っています。

電子とはマイナスの電荷をもった粒子です。この電子の回っている部分を「**電子殻**」といいます。

原子核の「**核**」はこちらの字だけれど，電子殻の「**殻**」は「から」という字であることを，どうぞ理解しておいてください。

そして電子の回り方ですが，一番内側の電子殻に2つの電子が回っています。次の電子殻に6個入っていて，合わせて8個の電子が外側を回っている。この電子殻には一番内側から**K殻**，**L殻**という名前がついています。

今の言葉，**陽子**，**中性子**，**原子核**，**電子**，**電子殻**，これらの名前をいつでも言えて，それからどんなものだったかということが，とりあえずわかるようにしておいてください。

1-3 図の意味を正しくとらえる

　ちょっと補足しますと、図1-2では⊕が8つあります。酸素は原子番号が8だから、陽子の数が8つなんです。それから、○（中性子）が9個入っています。

　なぜ9個になったか？　これは質量数から考えます。質量数が17で、陽子の数は8個だから、[公式1]より中性子の数をxとおくと、

$$\text{質量数} = \underset{(\text{原子番号})}{\text{陽子数}} + \text{中性子数}$$

$$17 = 8 + x \quad \therefore x = 9$$

　だから中性子の数が9個なんです。図1-2は数的にはちゃんと理論どおり正しく書いてあるんです。センター試験では中性子数を求めさせる問題がよく出題されます。公式にいちいち代入するのも大変なので、慣れてきたら、図1-1の**上（質量数）から下（原子番号）を引いた数が中性子数**なんだと知っておくと便利です。

●ぐるぐる回る電子

　図1-2に戻りますと、マイナスの電荷を帯びた電子が内側の電子殻に2個、外側に6個入っています。

　電子は実際は、すごい勢いで回転しています。電子どうしが近づくと離れて、再び近づくとまた離れるという感じで、電子殻をぐるぐる回っています。マイナスとマイナスが反発するから、くっつくことはありません。

　だけど、僕らの目から見たときに、均一に書いてあったほうが

わかりやすいから，図1-2 は左右対称に書いてあるのです。どこから書き始めるかですが，特に決まりはありません。

では，ここまでをまとめておきましょう。

単元 1　要点のまとめ ❶

原子の構造

原子…物質を構成している基本的な最小粒子をいう。自然界のすべてのものは，現時点で112種類の，もうこれ以上分けることができない「原子」とよばれる粒子からできている。

元素…元素は原子の種類を表す名称である。

原子は，中心に正電荷をもつ**原子核**があり，その周りを負電荷をもつ**電子**が回っている。原子核は，正電荷をもつ**陽子**と，電荷をもたない**中性子**からなる。

$$
\text{原子}\begin{cases} \text{原子核}\begin{cases} \text{陽子}……\text{正電荷をもつ} \\ \text{中性子}…\text{電気的に中性} \end{cases} \text{質量はほぼ等しい} \\ \text{電子}…\text{負電荷をもち，質量は陽子，中性子の}\dfrac{1}{1840} \end{cases}
$$

原子番号＝陽子数（＝※電子数）

※原子は普通電気的に中性だから，プラスと同数のマイナスが存在して中性を保っているが，イオンになっているときには，電子数は等しくならないので注意しよう。

☆ **質量数＝陽子数＋中性子数** ───── [公式1]

1-4 電子殻に収容される電子

　さきほども見たように，電子は，電子殻に収容され，原子核に近い内側の電子殻から順に **K殻**，**L殻**，**M殻**，**N殻**……という名前がついています。

　それぞれの電子殻に最大収容できる電子数は決まっていて，K殻には2個，L殻には8個，M殻には18個，N殻には32個の電子が収容できます。これはどういうことかといいますと，

重要! 　最大電子数 $= 2n^2$

これが関係しているんです。

　では，ちょっと見てみましょうか。**最大電子数$= 2n^2$**，この式を覚えておくと，「最大何個電子が入りますか？」といったときに，おわかりいただけるわけです。nは内側から何番目の電子殻かを表します。すなわち，K殻というのは最も内側で，原子核に一番近いところだから，K殻のときは$n=1$，2×1^2で2です。だからK殻には2個ですよ。

　それからL殻のとき，このときは$n=2$，内側から2番目ね。2×2^2で8なんですね。以下同様に考えて，

$$最大電子数 = 2n^2$$

Kのとき　$n=1$　$2 \times 1^2 = 2$
Lのとき　$n=2$　$2 \times 2^2 = 8$
Mのとき　$n=3$　$2 \times 3^2 = 18$
Nのとき　$n=4$　$2 \times 4^2 = 32$

となります。

単元 1 要点のまとめ ❷

電子殻と最大電子数

電子は**電子殻**に収容され，原子核に近い内側の電子殻から順にK殻，L殻，M殻，N殻……という。

それぞれの電子殻に最大収容できる電子数は決まっており，K殻には**2個**，L殻には**8個**，M殻には**18個**，N殻には**32個**の電子が収容できる（最大電子数＝$2n^2$，nはKでは1，Lでは2，Mでは3，Nでは4と決める）。

1-5 電子配置図を書こう！

さて，図1-2 では原子の構造をそのまま書きましたが，こうやっていちいち○を使ってプラスとかマイナスとかと書いていくのは大変ですね。それで，もう少し簡略した書き方を紹介します。それが**電子配置図**なんです。

例として原子番号8番の酸素（$_8$O）と，19番のカリウム（$_{19}$K）それぞれの電子配置図を書いてみます。

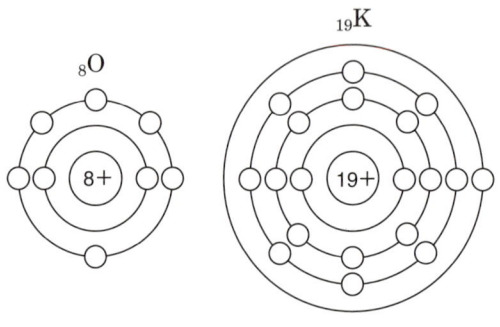

酸素とカリウムの電子配置図　　図1-3

単元 1　原子の構造

・酸素の電子配置図を書いてみよう

　酸素の電子配置図に8＋と書いてあるでしょう。これは陽子⊕が8個という意味です。中性子はどこへ行っちゃったのか？　中性子はこういう電子配置図の中には一切書かないんです。陽子の数だけを書けば，その電子配置図はわかるから簡略化したんです。

　本の一番最初を見てください。「**元素の周期表**」というのがありますが，ここに載っている元素は112あります。だから112番目のものは，図1-2 のように書くと，プラスの電荷をもったものを112個書かなくてはいけなくなってしまいます。大変ですよね。それで，もうちょっと簡略化した書き方をしようということなんです。

　そこで陽子の8個分をもうちょっと簡単に書けば8＋となる 連続 図1-4①。

　そして，まずはK殻に2個電子が入ります 連続 図1-4②。

　そのあとL殻に6個ですから，6つ，左右対称に書けばよろしいわけです 連続 図1-4③。

　中性子に関しては数を入れる必要はない。陽子の数と電子の数を入れればいいわけです。

　要するに，図1-2 のような**原子の構造を簡略化して書いたものを電子配置図**という言い方をしているんだ，ということです。

　ここまでよろしいですか？

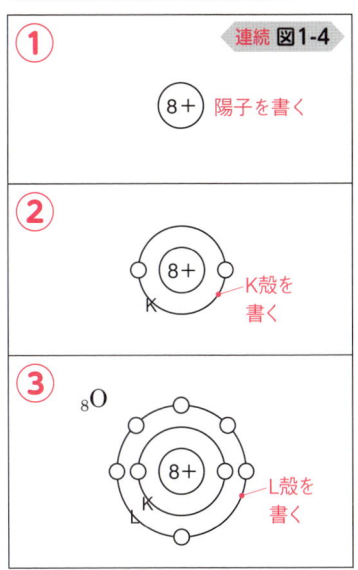

酸素の電子配置図の書き方
連続 図1-4
① 8＋ 陽子を書く
② K殻を書く
③ ₈O　L殻を書く

・カリウムの電子配置図はエネルギーの高低に注意！

では，次にいきます。

19番のカリウムの電子配置図を考えてみましょう。何で $_{19}K$ なのかというと，要するに陽子の数が1個ずつ増えていくにつれ，1番から2番，3番，4番と原子番号も増えていき，19番目にちょうどカリウムというのがあるわけです。元素名の覚え方は後でもやりますが，**1番から20番までのものはぜひ書けるようにしておいていただきたい。**

そうすると19＋ですね。

つまりプラスの電荷をもった陽子が19個あります 連続 図1-5①。

それに対して電子は，まずK殻に2個入り，L殻に8個入ります 連続 図1-5②。これで10個です。ここまではいいですね。

次はM殻に何個入るかというと，「2個と8個で10個だから，あと9個入ればいいじゃないか，9個入れちゃおう」とすると，ちょっとそれが間違いになるわけです。この場合M殻には8個までしか入らないんです。「いや，おかしいぞ。第1講 1-4 でM殻は18個まで入るといったじゃないか」と，おっしゃるかもしれません。にもかかわらずなぜ8個しか入らないのか？

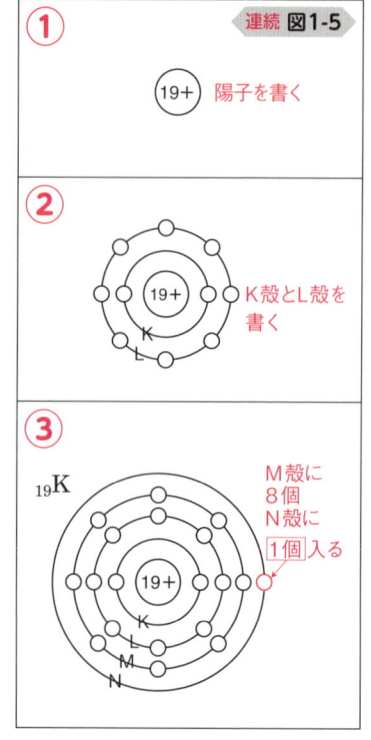

カリウムの電子配置図の書き方

連続 図1-5

① 陽子を書く

② K殻とL殻を書く

③ $_{19}K$　M殻に8個　N殻に1個入る

理由をいう前に，実際にはどうなっているかというと，N殻にもう1個入っているという状態が，カリウム原子の構造なんです　連続 図1-5③。ですから，矛盾を感じるでしょう。

「M殻は18個まで入るはずなのに，なぜ8個で止まっちゃうんだ？　9個目の電子が入ってもいいじゃないか！」これはなぜかと申しますと，電子はエネルギーの低いところから優先的に入っていこうとするからです。いきなりエネルギーの高いところには入っていけないんですよ。

例えば，滝の水は必ず高いところから低いところに流れていきますよね。それと同じ話で，エネルギー的には低いところから最初に入っていこうとするんです。すなわち，**M殻の9個目に入るよりも，N殻の1個目に入るほうがエネルギー的に低い状態なんです。**

・20番カルシウム，21番スカンジウムの電子配置図はどうか？

では，20番のカルシウム（$_{20}$Ca）の場合，電子配置図はどうなるか？　**20個目の電子がどこに入ってくるかというと，やっぱりM殻の9個目よりも，N殻の2個目のほうが入りやすいんです。**実際，カルシウムは 図1-6 のようになって存在しています。

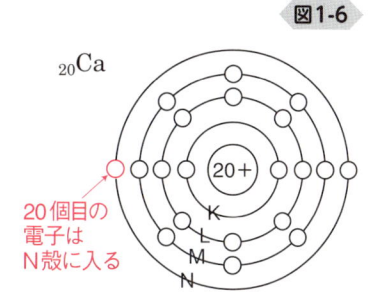

図1-6

$_{20}$Ca

20個目の電子はN殻に入る

入試では，20番までの電子配置は出題されるので，確認しておきましょう。

そして21番目はスカンジウム（$_{21}$Sc）という元素です。21個目の電子がN殻の3個目に入るのか，またはM殻の9個目を埋めて

いくのか？　今度はM殻の9個目を埋めていくんです 図1-7 。

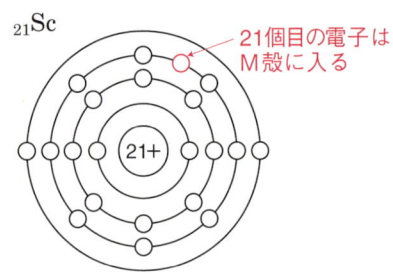
図1-7

ということで、おわかりいただけるようになってきたかと思うんですが、M殻の電子が18個まで入るという「単元1　要点のまとめ②」（→14ページ）の公式，**これは最大に入ったときです。電子殻に入る順番までは表していません。**

電子が外側の殻に入ったり，内側の殻に入ったりしながら，最大でM殻は18個まで入れることができますよ，という話なんです。

> **岡野流必須ポイント ①　19番と20番の電子配置図は例外的**
>
> 原子番号19番カリウムと20番カルシウムの電子配置図は例外的。原因はエネルギーの高低によるもの。

以上，電子配置図ですが，19番と20番はちょっと例外的なものでした。

1-6　電子式も知っておこう

さて，次にいきます。今度は「**電子式**」です。電子式とは，一言でいうと「**最外殻電子**」を・で表した式のことです。

最外殻電子とは，すなわち一番外側の電子です。さきほどの酸素の電子配置図 図1-4 を見ますと，K殻に2個，L殻に6個入っていました。ということは酸素の最外殻電子は6個になりますの

で，それを電子式で書く場合，6個の・を打ってやればいいのです 図1-8 。

もう少し詳しくやりますと，最外殻電子のうち4個まではバラバラに・を打ちます 連続 図1-9①。次に打つときは2個がセットになるようにして，順次・を左右対称に書き入れます 連続 図1-9②③ 。このとき2個セットになっていない電子を「**不対電子**」といい，酸素には2個あります。

もう1つ例をいいますと窒素は $_7N$ ですね。7＋だからK殻に2個入って，L殻には5個入ります。ですから，電子式は5個の・で書けばいいんです 連続 図1-10①②。窒素は「不対電子」が3個ありますね。では，まとめておきます。

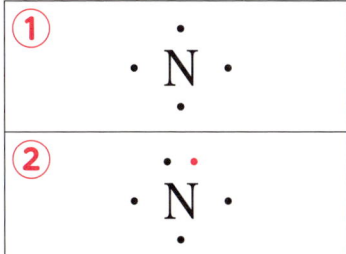

図1-8

酸素の電子式　連続 図1-9

窒素の電子式　連続 図1-10

単元 1 要点のまとめ ❸

電子式

電子式とは，最外殻電子を・で表した式。

例：$_8O$ は ・Ö・，$_7N$ は ・N̈・ と表す。

1-7 同位体と同素体を知ろう

次に「**同位体**」というものについて紹介します。言葉が似ていて,「**同素体**」というのがその次に出てきますので,注意してください。

• 同位体

同位体は「アイソトープ」という言い方もします。

これは何かというと,原子番号（陽子数）が同じで,質量数が異なる原子を互いに同位体といいます。互いの化学的な性質はほとんど同じなんです。ただ,何が違うかというと,中性子の数が違うことによって,重い原子とか,軽い原子ができるんです。種類は同じなんだけれども,重めの原子,軽めの原子というのができてくる。それを互いに**同位体**というんです。

例を挙げます。

$${}^{12}_{6}C \quad {}^{13}_{6}C \ , \ {}^{16}_{8}O \quad {}^{17}_{8}O \quad {}^{18}_{8}O$$

炭素の場合, ${}^{12}_{6}C$ と ${}^{13}_{6}C$, 原子番号は6番で同じですよね。だけど12と13で質量数が違うわけです。

自然界における存在比としては, 98.9%が ${}^{12}_{6}C$ で, わずか1.1%が ${}^{13}_{6}C$ なんです。炭素原子をランダムに100個取ってくるとするでしょう。そうすると, 98.9個が ${}^{12}_{6}C$ で, あとのわずか1.1個が ${}^{13}_{6}C$ ということです。

酸素も同じです。${}^{16}_{8}O$, ${}^{17}_{8}O$, ${}^{18}_{8}O$ とあって, 一番多く存在しているのは酸素の ${}^{16}_{8}O$ です。${}^{17}_{8}O$ や ${}^{18}_{8}O$ は, ほんのわずかしか入ってないんです。

•同素体

次に、**同位体に対して、同素体というものを説明します。**言葉を覚えてくださいね。よく引っかけられますので気をつけましょう。

同素体がどういうものかといいますと、1種類の元素からなる「**単体**」（→23ページで解説）で、構造が異なるため、性質が違う物質をいいます。**単体**というところが大事。

例を挙げていきます。例えばS（硫黄）ですが、3つの硫黄があるんですね。「斜方硫黄」、「単斜硫黄」、「ゴム状硫黄」です。これは軽めに知っておきましょう。

次にC（炭素）です。これはしっかり覚えておきましょう。「**ダイヤモンド**」と「**黒鉛（またはグラファイトという）**」です。

それから酸素です。これは「**酸素（O_2）**」と「**オゾン（O_3）**」です。オゾン層の破壊は環境問題になっていますね。あのオゾンです。

最後に、P（リン）ですが、これには「**黄リン**」（空気中で自然発火するため水中に保存。猛毒）、「**赤リン**」（化学的に安定。無毒）**があります。**

同素体については、

重要!
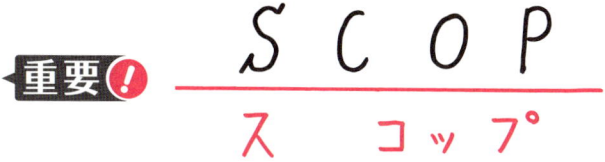

このように覚えてください。だから、**同素体といったらスコップがイメージできるようにね**。硫黄（S）、炭素（C）、酸素（O）、リン（P）ですね。

- **同素体は単体であるのがポイント！**

ここでちょっと問題です。
「H_2O と H_2O_2 は同素体であるか，ないか？」
これはよく聞かれます。H_2O は水で，H_2O_2 というのは過酸化水素といいます。さて，これらは互いに同素体ですか，それとも同素体じゃないですか？
答えは，

$$H_2O と H_2O_2 は同素体でない。$$

これ，なぜ違うか？ さきほど，「**単体**」というところが大事といったでしょう。これらは，単体じゃないんです。HとO，2種類の元素からできていて，こういうのは「**化合物**」といいます。繰り返します。**同素体は単体でなくちゃいけない**。では，同位体と同素体についてまとめます。

単元 1 要点のまとめ ❹

同位体（アイソトープ）
　原子番号（陽子数）が同じで，質量数が異なる原子を互いに**同位体**という（化学的性質はほとんど同じで，中性子数が異なる原子）。
　例：$^{12}_{6}C$　$^{13}_{6}C$，$^{16}_{8}O$　$^{17}_{8}O$　$^{18}_{8}O$

同素体
　同じ元素からなる**単体**で構造が異なるため性質が違う物質を**同素体**という。

例：S……斜方硫黄，単斜硫黄，ゴム状硫黄
　　C……ダイヤモンド，黒鉛（グラファイト）
　　O……酸素（O_2），オゾン（O_3）
　　P……黄リン（空気中で自然発火するため水中に保存。猛毒），赤リン（化学的に安定。無毒）
　　　　（**S，C，O，P**と覚える）
　　　　　スコップ
※H_2OとH_2O_2は同素体でない。

1-8　物質を分類してみよう

- 単体と化合物を確実に！

では「**単体**」と「**化合物**」という言葉も確実に覚えておきましょう。何となくうろ覚えというのは怖いです。確実に！いいですか。

単体，これは**1種類の元素からなる物質**をいいます。例えば，O_2，N_2，こういうのは酸素原子1種類，窒素原子1種類でしょう。また，銅は金属ですが，金属類はCu_2とかCu_3という書き方はなく，元素記号で表すという約束ですからCu。これらは全部1種類の元素だから単体です。

それに対して，**2種類以上の元素からなる物質を化合物**といいます。例えばH_2O（水）。これは水素と酸素の2種類。それからNH_3（アンモニア）は窒素と水素の2種類。$NaCl$（食塩，または塩化ナトリウム）は，ナトリウムと塩素の2種類です。3種類のものもあります。H_2SO_4（硫酸）は，水素，硫黄，酸素の3種類の元素からできている。こういうのももちろん化合物です。

純物質と混合物の意味を知っておこう

さらには関連して,「**物質**」という言葉もおさえておきましょう。

物質には,「**純物質**(純粋な物質)」と「**混合物**」とがあります。入試で,「この中から混合物を選びなさい」とか,「純物質を選びなさい」とか聞かれることがありますので,その意味がわかるように説明しておきます。

純物質の中にはさらに何があるかというと,さきほど説明した単体と化合物があります。N_2, O_2 とか,1種類の元素からできている単体,あるいは H_2O, NH_3, $NaCl$ など,数種類の元素からなる化合物,これらは全部純物質です 図1-11。

図1-11

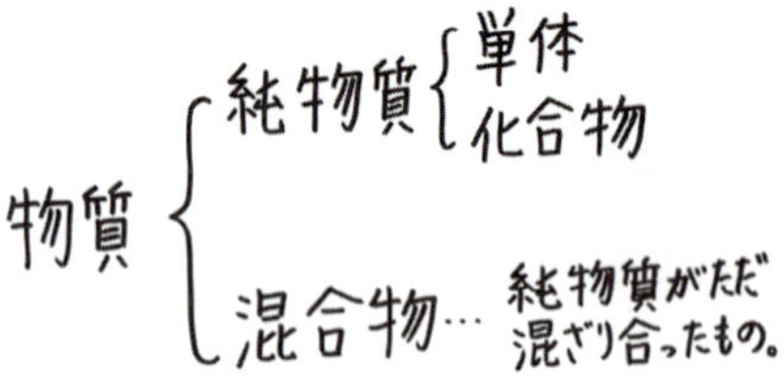

物質 { 純物質 { 単体 / 化合物 / 混合物…純物質がただ混ざり合ったもの。

では混合物とは何か? これは純物質が(化学的に反応を起こして混ざったのではなくて),**ただ混ざり合ったものです**。

いろいろな混合物

例えば空気は,純物質である窒素 N_2 や酸素 O_2 などの混合物です。窒素は窒素の性質を残し,酸素は酸素の性質を残して,ただ混ざっているだけです。

海水,いわゆる塩水も混合物です。$NaCl$ と H_2O,これら純物質がただ混ざり合ったもの。

それからハンダというものがあります。ハンダは Sn(スズ)と Pb(鉛)の混合物です。

そして，試験には塩酸がよく出てきます。**塩酸というのは，水H_2Oと塩化水素HClの混合物なんです**。塩酸というとHClだけだ，というふうに思っている方がいらっしゃるかもしれませんが，その水溶液が塩酸なんです。**HClオンリーのものは塩化水素**という名前がついています。塩酸も塩化水素も同じHClという化学式を使うので，間違えないように気をつけましょう。

物質には，純物質と混合物という2つがある。純物質は，さらに単体と化合物の2つに分けられ，混合物というのは，その純物質が化学変化を起こさずに，ただ混ざり合ったもの。下の「単元1　要点のまとめ⑤」を見れば，おわかりいただけるでしょう。

単元1　要点のまとめ ❺

単体
　1種類の元素からなる物質を**単体**という。
　　例：O_2，N_2，Cu

化合物
　2種類以上の元素からなる物質を**化合物**という。
　　例：H_2O，NH_3，NaCl

物質
　物質には**純物質**と**混合物**がある。

　物質 ｛ 純物質… ｛ 単体
　　　　　　　　　　化合物
　　　　混合物…純物質がただ混ざり合ったもの

　　　　例：空気……N_2とO_2　　海水……NaClとH_2O
　　　　　　ハンダ…SnとPb　　塩酸……HClとH_2O

単元 2 周期表

第1講単元2では、「周期表」について学んでいきます。

周期表とは、元素を原子番号の順に並べたもので、**横の並びを**「**周期**」、**縦の並びを**「**族**」といいます。

2-1 周期表は原子番号順

周期表は1869年、「**メンデレーエフ**」という人によって発表されました。メンデレーエフは、元素を**原子量の順**に並べると、性質の似た原子が周期的に現れることを発見し、周期表をつくりました（原子量については第4講で詳しく説明しますが、ここでは各原子の質量を相対的に表したものと、とらえておいてください）。ここで注意してほしいのは、メンデレーエフの時代の周期表は、原子量の順だったんです。ところが現在の周期表は、元素を**原子番号の順**に並べています。

周期表が本の最初に載っているので、並びが原子量の順になっていないところを確認しておきましょう。原子番号の18番と19番を見てください。Ar（アルゴン）とK（カリウム）です。

$$_{18}\text{Ar} \quad _{19}\text{K}$$
$$40 \quad\quad 39$$

このときに、Arの下に40と書いてありますが、この数字は原子量を表します。それで次のKの原子量は39と書いてあります。

40の次が39ですから，原子量の小さいものから大きいものへの順番ではありませんね。

もう1箇所あります。52番Te（テルル）と53番I（ヨウ素）を見てください。

$$_{52}\text{Te} \quad _{53}\text{I}$$
$$128 \quad\quad 127$$

52番のTeのほうが128という大きい値になっていて，53番のIが127と，小さい値になっています。逆転しています。原子量の順に並べると，原子量の小さいものから順に並べますから，今の部分が逆になってしまいます。

しかし，今は原子番号の順に並んでいる。よって，この逆転しているところが，よく入試では聞かれます。

・4つの族の名前を覚えよう！

では，もう少し詳しく見ていきましょう。「単元2　要点のまとめ①」（→28ページ）の周期表を見てください。Hを除いた1族の中の「**アルカリ金属**」，Be，Mgを除いた2族の中の「**アルカリ土類金属**」，それから，17族の「**ハロゲン**」と18族の「**希ガス**」。この4つの族の名前は覚えてください。

細かい参考書になると，酸素族とか窒素族とかいろいろなことが書いてあります。でも，**この4つでいいので，しっかりおさえておきましょう。**

単元 2 要点のまとめ ❶

周期表

元素を**原子番号の順**に並べたもので，横の並びを周期，縦の並びを族という。

注：周期表は，1869年，**メンデレーエフ**により発表された。メンデレーエフは，元素を**原子量の順**に並べると，性質の似た原子が周期的に現れることを発見し，周期表をつくった。ただし**現在の周期表**は，元素を**原子番号の順**に並べ，その電子配置を考慮してつくられている。

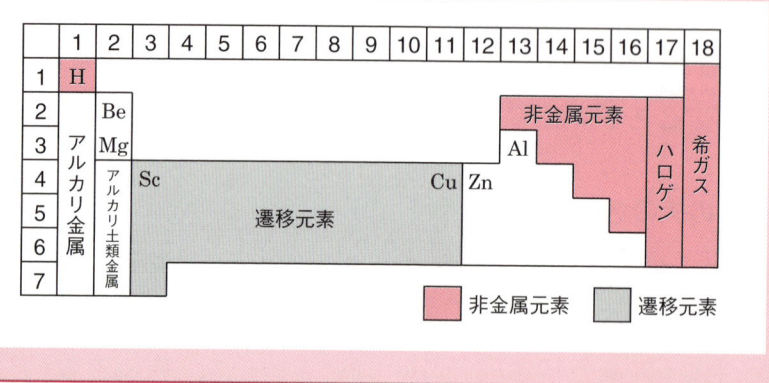

2-2 周期表の覚え方

原子番号1番から20番までの元素記号，元素名は原子番号の順に書けるようにしてください。その覚え方が次のページに書いてあります。

ぜひ覚えてください，お願いしますね。

単元 2 要点のまとめ ❷

周期表の覚え方

H							He
水素							ヘリウム
水							兵

Li	Be	B	C	N	O	F	Ne
リチウム	ベリリウム	ホウ素	炭素	窒素	酸素	フッ素	ネオン
リーベ		ぼ	く	の	お	ふ	ね

Na	Mg	Al	Si	P	S	Cl	Ar
ナトリウム	マグネシウム	アルミニウム	ケイ素	リン	硫黄	塩素	アルゴン
なー	まが	ある	シッ	プ	ス	クラー	ク

K	Ca
カリウム	カルシウム
ク	カルシウム

Sc	Ti	V	Cr	Mn	Fe	Co	Ni
スカンジウム	チタン	バナジウム	クロム	マンガン	鉄	コバルト	ニッケル
スカンク	千	葉	の	く	ま	徹	子	に

Cu	Zn	Ga	Ge	As	Se	Br	Kr
銅	亜鉛	ガリウム	ゲルマニウム	ヒ素	セレン	臭素	クリプトン
どう	会える	ガリガリ	ギャル	あっ	せれば	シュー	クリーム

「水兵リーベぼくのおふね」の「お」がポイントです。「ぼくのふね」にして「B, O, C」としちゃう人がいるんですよ。だからそれを防ぐために,「お（O）」がポイント。「なーまがあるシップスクラークカルシウム」と,続いていきます。

イメージで記憶しよう！

「リーベ」って，ドイツ語で「ライク」とか，「ラブ」のことなんですよ。「水兵」は「好きです」，何を？ 「ぼくのおふね」を，その好きな船がどこかに航海に行っていて，戻ってくるにはまだ「間がある」。あと，「シップスクラークカルシウム」と，「船」と「クラーク博士」と「カルシウム」は，ゴロですよね。どんなやり方で覚えていただいてもいいんだけど，20番まではどうぞ覚えてください。

で，20番まででいいんですが，できればこのKr（クリプトン）の36番までを覚えられれば，怖いものナシです。

そこで21番のScから始まる覚え方ですが，「スカンク，千葉のくま，徹子にどう会える。ガリガリギャルあっせればシュークリーム」って，これも全部ゴロですね。

「スカンク」と「千葉のくま」はどのようにして（黒柳）徹子に会えるか。「ガリガリギャル」は勉強しすぎておなかがすいて「あせってシュークリーム」をほおばる。

こんな具合に，ぜひ自分なりにインパクトをつけて，ゴロと関連させて覚えてみてください。

イメージで記憶しよう！

2-3 典型元素と遷移元素

周期表の元素は大きく「**典型元素**」と「**遷移元素**」とに分類されます。28ページで色分けをしておいたので、参照してみてください。

また、次の「単元2 要点のまとめ③」を確認しておきましょう。

単元 2 要点のまとめ ❸

典型元素
1, 2, 12〜18族の元素をいう。同族元素の化学的性質は似ている。

遷移元素
3〜11族の元素をいう。最外殻電子数は族番号によらず2(または1)で、周期表との関連は、典型元素より複雑である。すべて金属元素で、同一周期の隣合った元素の性質が似ている。族としての類似性も、もちろんある。

典型元素を1, 2, 12〜18族と覚えるのは大変でしょう。ですから、遷移元素のほうを覚えておけばいい。遷移元素か典型元素か、どっちかしかないんだから、**遷移元素の3〜11族という数字を覚えておいて、残りは全部典型元素だと覚えればいいでしょう。**

2-4 価電子数は希ガスに注意！

それから「**価電子**」について説明します。価電子とは，化学結合に用いられる電子で，**18族以外の典型元素では最外殻電子（最も外側の殻にある電子）が価電子になります**。18族というのは希ガスです（28ページ参照）。だから，希ガス以外の典型元素では，**価電子数＝最外殻電子数**です。

・18族（希ガス）元素の価電子数はゼロ

では，18族はどうか？ **18族では価電子数をゼロと決めます**。例えば $_{10}$Ne（原子番号10番のネオン）の場合を見てください 図1-12 。K殻に2個入って，L殻に8個です。これ非常に安定した構造なんですが，「**最外殻電子数はいくつ？**」といったら，8個という言い方をします。最外殻，一番外側の電子は8個だから。では「**価電子数はいくつ？**」といわれたらどうなるかというと，8個といってはダメ。**これはゼロと決めたんです**。おわかりいただけますね。

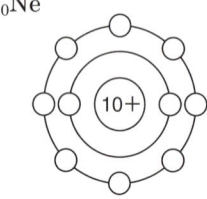

図1-12　$_{10}$Ne

価電子というのは，要するに結合に関与する電子なんですね。**希ガスの場合は**結合しないので，結合に関与する電子は**ゼロ**ですね。

もう1つ言っておきたいこととして，すべての元素で**周期の番号と電子殻の数が同じです**。第1周期とか，第2周期とかって，あれは電子殻の数なんです。例えば**第1周期なら，K殻1つしかない**ということ。**第2周期というと，電子殻の数は2個，つまりK殻とL殻まであります**，ということです。第3周期ならば，さらにM殻まであります。第4周期になるとK, L, M, N殻までありますよ，という意味です。

単元 2 要点のまとめ ❹

価電子

　化学結合に用いられる電子で，18族（希ガス）以外の典型元素では最外殻電子（最も外側の殻の電子）が価電子になる。

- 18族以外の典型元素では，**価電子数＝最外殻電子数**
- 18族（希ガス）は価電子数を **0** と決める

例：

	$_8$O	$_{10}$Ne
最外殻電子数	6	8
価電子数	6	0

- すべての元素で，**周期の番号＝電子殻の数**

2-5　イオン式はこうつくろう！

　「**イオン**」というのはよく聞かれる言葉ですけれども，一体どういう粒子なのかというと，電子を受け取ったり失ったりして，正負の電荷を帯びた原子のことをいいます。ですから，大きさとしては，ほぼ原子の大きさです。じゃあ，そのイオンはどのような形で存在しているか，ちょっと見ていきましょう。

　まずは原則からお話しします。**原子は，最外殻がＫ殻のときに電子が2個，それから最外殻がＫ殻以外のとき8個入ると安定になります**。そのような入り方をするところを調べてみると，結局希ガスの電子配置と同じになります。希ガスの電子配置というのは，非常に安定な構造なので，イオンができあがってくるときには，希ガスの電子配置になろうとして，できあがってくるわけです。

● ナトリウムイオン

例として，ナトリウムがナトリウムイオンになるときを見てみましょう。

Naというのは原子番号11番で，電子配置図をちょっと書いてみますと，K殻に2個，L殻に8個，あともう1個M殻に入って，合計11個です 連続 図1-13①。

はい，今の話ですと，K殻が一番外側の電子殻になる場合には2個，その他の殻ですと8個入ると安定でした。

そこで，この最外殻電子が8個になる方法としては2通りあります。まず今，一番外側のM殻に1個入っていますから，あと7個電子が入って安定になる。あるいは，このM殻の1個が飛び出してしまうかです 連続 図1-13②。

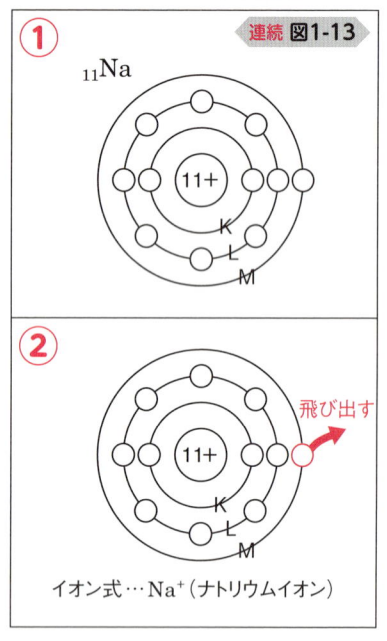

この1個の電子が飛び出していくと，もうM殻はなくなってしまい，最外殻はL殻になります。そしてL殻にはもうすでに8個ありますので，安定です。数の上から考えて，7個電子が内側に入ってくるよりも，1個飛び出していくほうが起こりやすいので，実際1個飛び出て，ナトリウムイオンになります。

それで，ナトリウムは陽子が11個です。ですから，プラスの電荷が11。一方，マイナスの電荷をもつ電子は，最初の11個から1個飛び出ていって，10個になりました。

プラスとマイナス，このひとつひとつの電荷の量は同じです。ただ，陽子のほうはプラスの電荷，電子のほうはマイナスの電荷というだけで，同じ量なんです。

そうすると，お互いに打ち消し合って，1個プラスが残る 図1-14 。これをNa^+と表し，ナトリウムイオンとよぶわけです。このように元素記号の右上に電荷を書き加えたものを「**イオン式**」といいます。

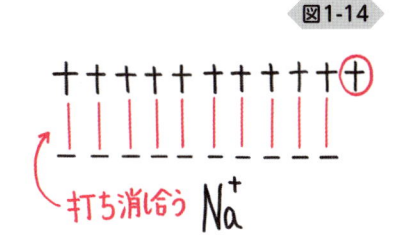

図1-14

打ち消し合う Na^+

• **酸化物イオン**

もう1つ，酸素に関して同様のことをやってみましょう。

$_8O$ですから陽子が8＋，電子はK殻に2個，L殻に6個入りまして，合計8個になりました 連続 図1-15① 。

さて，じゃあどういうふうにすれば安定な構造になるか？

これも2通りの方法があるでしょう。

1つは，最外殻のL殻の6個の電子が飛び出してしまう。そうするとK殻が一番外側になりますから，2個になって安定になるでしょう。

酸化物イオンはこうなる

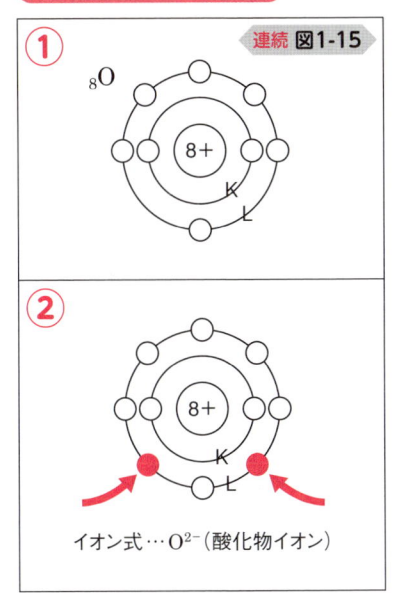

① 連続 図1-15

$_8O$ 8+ K L

② 8+ K L

イオン式…O^{2-}（酸化物イオン）

もう1つは、どこかからか電子が2個入り込んでくることによって、L殻が8個になり安定する 連続 図1-15②。実際こちらのほうが、前者より数的に起こりやすいので、このようになって安定化します。

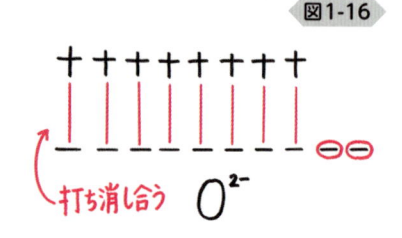

図1-16

結局この構造というのは、希ガスである$_{10}$Neの電子配置と同じになります。よって、プラスが8個あって、マイナスが合計10個。マイナスが2個分だけ多くなりますから、O^{2-} 図1-16。

これは酸素イオンとはいわず、酸化物イオンといいます。名前が変わるわけです。だからイオンの名前というのは、ただ元素名にイオンとつければいいというものではありません。

ここで本の最後を見ていただけますでしょうか。「**イオンの価数の一覧**」と書いてあって、イオンの名前がずっと羅列されています。

・知っているイオン式を増やそう

今のイオン式のつくり方で、**原子番号の1番から20番までのものは、おそらくみなさんも難なくつくれると思います。**それ以外の、例えばAg（銀）は原子番号が47番ですが、イオン式はAg^+。これは、はっきり言いまして、今のやり方ではつくれません。だから**こういうのはもう覚えるしかない。Ag^+，Cu^{2+}，SO_4^{2-}**などは、リスト（本の最後にある「イオンの価数の一覧表」）を見ながら、徐々に覚えていき、そして自分のわかっているイオン式の数を増やしていってください。

・水素イオンは例外

　そして，水素というのは原子番号1番ですが，水素イオンだけが例外です。

　さっきの原則からいくと，K殻に2個入ると安定なので，電子が1個入ってH^-になるようなことを考えてしまいます。ところがこれだけは，電子1個が飛び出ていってH^+となり，より安定な状態になります　図1-17　。

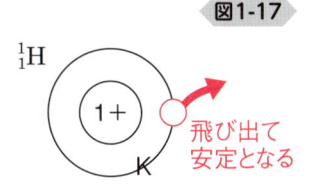

図1-17

イオン式…H^+（水素イオン）

・$_1^1H$は中性子がゼロに

　$_1^1H$というのは，質量数，原子番号共に1ということです。質量数というのは，陽子の数と中性子の数を足したものでしたね。陽子の数は今1個ありますから，**質量数が1ということは，中性子の数がゼロということです**。普通の水素原子は，大部分この形で存在しています。たまに$_1^2H$という同位体がありますが，これは中性子の数1個を含みます。

　でも大部分の水素原子は，電子が飛び出ていったら，（中性子はないのだから）陽子だけしか残らないわけです。要するに，この水素イオンH^+というのは**陽子**を表している。ですから，Hが電子1個をもらってH^-になるよりも，陽子であるH^+になったほうが，より安定だということです。おわかりいただけましたか？

　いずれにしても，**水素イオンはH^+**となり，H^-にはなりませんよ，ということを**例外的に覚えておきましょう**。

・イオンをつくらない元素

　原子番号1番から20番までにおいて，14族と18族にはイオンはありません。これはなぜでしょう？

　まず18族というのは希ガスです。希ガスはもう，今が一番安定な状態ですから，原則としてイオンをつくらない。電子をもらってきたり，または電子が飛び出ていったりということを極力嫌がるわけです。

　次に14族というのは炭素とかケイ素の列です。$_6C$（炭素）はどうなるかといいますと，図1-18 を見てください。

図1-18

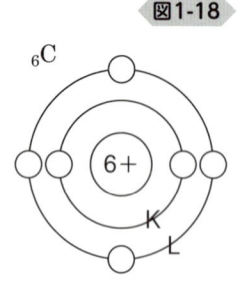

炭素はイオンにならない！

　要するにこれは，4個の電子がL殻から飛び出ていっても，K殻を2個にして安定になるし，4個の電子が入り込んできても，L殻を8個にして安定になります。

　だから4個の電子が出ていこうとする力と，4個の電子を引っ張ってこようとする力が，ちょうどつり合ってはたらくというふうに考えてください。そういった理由で，14族の炭素とケイ素にイオンはありません。

　周期表の14族の列には，もっと下のほうにSn（スズ）とかPb（鉛）とかがありますが，SnやPbにはイオンというのが存在します。ですから，今の話は，原子番号の1番から20番までのものであると，ご理解ください。

　イオン式のつくり方は，丸暗記じゃなくて，できるだけ自分でつくれるようにしておくと，自然と覚えてしまいます。

単元 2 要点のまとめ ❺

イオン式のつくり方

電子を受け取ったり失ったりして、正負の電荷を帯びた原子をイオンという。

最外殻がK殻のとき　　　　2個 ⎫
最外殻がK殻以外のとき　　8個 ⎭ 入ると安定になる。
　　　　　　　　　　　　　　（希ガスの電子配置になるため）

ただし水素のみ例外でH^-とならずにH^+となる。また、原子番号1〜20番では14族と18族にはイオンはない。

では、演習問題で確認しておきましょう。

第1講 原子の構造・周期表

演習問題で力をつける ❶
原子の構造を理解しよう！

問 次の文中の 1 〜 11 に最も適した語句または数字を入れよ。
原子は 1 と 2 からできている。 2 の質量は 3 の質量のおよそ1840分の1である。 1 を構成している 3 の数と 4 の数の和をその原子の質量数という。 1 に含まれている 3 の数をその原子の原子番号という。原子番号11の 5 原子には，11個の 3 と11個の 2 があり，電子はK殻，L殻，M殻の順にそれぞれ 6 ， 7 ， 8 個ずつ入っている。 5 原子は最外殻電子 9 個を放出して， 5 イオンとなり，安定な 10 原子と同じ電子配置になる。一方，原子番号17の塩素原子は電子1個を取り入れて塩化物イオンとなり，安定な 11 原子と同じ電子配置をとる。

さて，解いてみましょう。

 1 ， 2 は順不同でもよさそうですが，問題文を読みつづけると， 2 は**1840分の1の質量**と書かれているので「**電子**」とわかります。よって 1 が「**原子核**」になります。

> **岡野の着目ポイント**　 3 は中性子とも考えられますが，「 3 の数をその原子の原子番号という」とあるから，「**陽子**」と決まりますね。 4 は
>
> **質量数＝陽子数＋中性子数**　────────────　[公式1]
>
> から「**中性子**」です。

　　　原子核……… 1 の【答え】
　　　電子 ……… 2 の【答え】
　　　陽子 ……… 3 の【答え】
　　　中性子…… 4 の【答え】

単元 2 周期表　41

　　5 は原子番号11の元素なので,「ナトリウム」とわかります（本書の最初の「周期表」参照）。

　　　ナトリウム………… 5 の【答え】

> **岡野のこう解く**　ぜひ,　原子番号1〜20番までの元素については,元素名,元素記号を原子番号順に書けるようにしておきましょう。

　　6 , 7 , 8 の答えは 連続 図1-13① から「2」,「8」,「1」です。

　　　2 ………… 6 の【答え】
　　　8 ………… 7 の【答え】
　　　1 ………… 8 の【答え】

　ナトリウム原子は 図1-19 のように,電子1個を放出して,安定なナトリウムイオンになります。よって, 9 の答えは「1」です。

図1-19

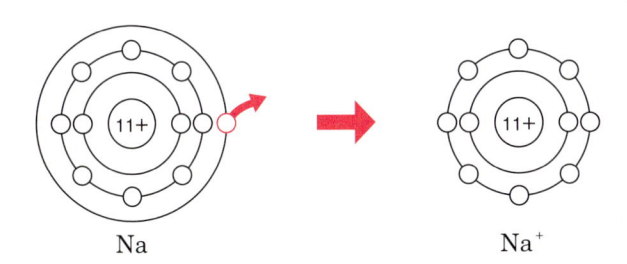

Na　→　Na$^+$

　10 はナトリウムイオンと同じ電子配置になる原子なので,図1-20 のように「ネオン」と同じですね。

図1-20

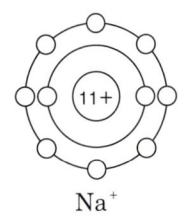

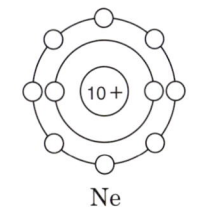

Na$^+$　　Ne

つづいて 図1-21 を見てください。 11 は塩化物イオンと同じ電子配置になる原子です。すなわち「アルゴン」です。

図1-21

Cl⁻ (17+)　　　Ar (18+)

1 ……………… 9 の【答え】
ネオン ………… 10 の【答え】
アルゴン ……… 11 の【答え】

もう一度，名称などを確認しておくといいでしょう。初講なので長くなりましたが，今日はここまで，また次回にお会いしましょう。なお，確認問題を用意しましたので，どうぞチャレンジしてみて下さい。

確認問題にチャレンジ！

問1 次のa，bに当てはまるものを，それぞれの解答群の①～⑤のうちから一つずつ選べ。

a 陽子数と中性子数が同じ原子
① $_{1}^{3}H$ ② $_{6}^{14}C$ ③ $_{16}^{32}S$ ④ $_{17}^{37}Cl$ ⑤ $_{19}^{39}K$

b それぞれの数が等しいものの組合せ
① Naの陽子数とNa$^+$の陽子数
② F$^-$の陽子数とNa$^+$の陽子数
③ Fの陽子数とNaの陽子数
④ Naの電子数とNa$^+$の電子数
⑤ Fの電子数とNaの電子数

問2 単体でないものを，次の①～⑥のうちから一つ選べ。
① 黒鉛　② 単斜硫黄　③ 水銀
④ 赤リン　⑤ オゾン　⑥ 水晶

問3 混合物であるものを，次の①～⑤のうちから一つ選べ。
① 塩化ナトリウム　② 塩酸　③ アルゴン
④ プロパン　⑤ 臭素

問4 原子やイオンの電子配置図に関連する記述として誤りを含むものを，次の①～⑥のうちから一つ選べ。
① ナトリウム原子のK殻には，2個の電子が入っている。
② マグネシウム原子のM殻には，2個の電子が入っている。
③ リチウムイオン（Li$^+$）とヘリウム原子の電子配置は同じである。
④ カルシウムイオン（Ca^{2+}）とアルゴン原子の電子配置は同じである。
⑤ フッ素原子は，6個の価電子をもつ。
⑥ ケイ素原子は，4個の価電子をもつ。

問5 物質を分離する操作に関する記述として下線部が正しいものを，次の①~⑤のうちから一つ選べ。

① 溶媒に対する溶けやすさの差を利用して，混合物から特定の物質を溶媒に溶かして分離する操作を抽出という。
② 沸点の差を利用して，液体の混合物から成分を分離する操作を昇華法(昇華)という。
③ 固体と液体の混合物から，ろ紙などを用いて固体を分離する操作を再結晶という。
④ 不純物を含む固体を溶媒に溶かし，温度によって溶解度が異なることを利用して，より純粋な物質を析出させ分離する操作をろ過という。
⑤ 固体の混合物を加熱して，固体から直接気体になる成分を冷却して分離する操作を蒸留という。

さて，解いてみましょう。

問1 a

① 原子番号は元素記号の左下の数字です。**陽子数と原子番号は常にイコールでした**(9ページ)。また，質量数は元素記号の左上の数字です。

$$\text{質量数} \rightarrow {}^{3}_{1}\text{H} \leftarrow \text{原子番号}$$

中性子数は[公式1]を見てみると，質量数から陽子数を引いた数になります。

質量数＝陽子数＋中性子数 ──────────── [公式1]

ということは，${}^{3}_{1}\text{H}$の中性子数は，陽子数が1ですから，3－1＝**2**です。上の3から下の1を引いた数が中性子数になります。**上から下を引いた数が中性子数であることを覚えておきましょう。**

> **岡野流必須ポイント ❷　中性子数の求め方**
>
> 中性子数は上から下を引いた数。

② $^{14}_{6}C$ も同様にやってみましょう。

陽子数は **6** です。中性子数は上から下を引いた数なので 14 − 6 = **8** です。

③ $^{32}_{16}S$

陽子数は **16** です。中性子数は 32 − 16 = **16** です。共に同じ値なので，これが正解となりますね。

④ $^{37}_{17}Cl$

陽子数は **17** です。中性子数は 37 − 17 = **20** です。

⑤ $^{39}_{19}K$

陽子数は **19** です。中性子数は 39 − 19 = **20** です。

　　　　③ ……　問1a　の【答え】

問1b　各元素の原子番号は1番から36番までは覚えておきましょう。

① $_{11}Na$ の陽子数は原子番号と同じ **11** です。

$_{11}Na^+$ の陽子数はやはり原子番号と同じ **11** です。

ここでは電子数が1個少なくなって，プラスの電荷を帯びた1価の陽イオンになっています。したがって，ともに陽子が等しい数なので，これが正解となります。

② $_9F^-$ の陽子数は **9** です。

$_{11}Na^+$ の陽子数は **11** です。

③ $_9F$ の陽子数は **9** です。

$_{11}Na$ の陽子数は **11** です。

④ $_{11}Na$ の電子数は陽子数と同じ **11** です。

$_{11}Na^+$ の電子数はプラスの電荷を帯びて1価の陽イオンになっているので，陽子数より1個少なくなっています。よって，電子数は **10** です。

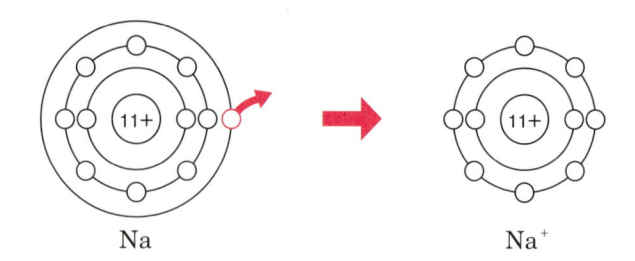

⑤ $_9$F の電子数は陽子数と同じ **9** です。$_{11}$Na の電子数は **11** です。

　　①……　問1 b　の【答え】

問2　まず，各物質の化学式を書いてみましょう。
① C　　② S または S$_8$　　③ Hg
④ P　　⑤ O$_3$　　　　　　⑥ SiO$_2$
　①〜⑤はいずれも1種類の元素からできている物質なので**単体**です。
　⑥は Si と O の2種類の元素からできている物質なので**化合物**です。

　　⑥……　問2　の【答え】

問3　混合物は純物質がただ混ざり合ったものでした。純物質の中には単体と化合物がありましたね。24ページを参考にしてください。

① **塩化ナトリウム**…化合物で**純物質**である。
　（NaCl）

② **塩酸**…化合物どうしがただ混ざり合った**混合物**である。
　（HCl と H$_2$O）

③ **アルゴン**…単体で**純物質**である。
　（Ar）

④ **プロパン**…化合物で**純物質**である。
　（C$_3$H$_8$）

⑤ **臭素**…単体で**純物質**である。
　（Br$_2$）

　　②……　問3　の【答え】

問4

① 正　$_{11}$Naの電子配置図は下図のように表しました。

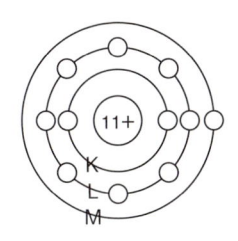

もう少し簡単に表す方法を紹介しておきましょう。

$_{11}$Na；$K^2L^8M^1$

K^2は二乗ということではなく、電子がK殻に2個存在し、L殻に8個、M殻に1個ということを意味します。

この方が速く問題が解けます。

② 正　$_{12}$Mg；$K^2L^8M^2$

③ 正　$_3$Li$^+$；K^2

　　　 $_2$He；K^2

④ 正　$_{20}$Ca^{2+}；$K^2L^8M^8$

　　　 $_{18}$Ar；$K^2L^8M^8$

⑤ 誤　$_9$F；K^2L^7

フッ素は最外殻電子数が7個なので価電子数も同じ7個です。よって6個は誤りですね。

⑥ 正　$_{14}$Si；$K^2L^8M^4$

4個の価電子です。

⑤ …… 問3 の【答え】

問5

この問題は本文には載せてない内容ですが、解説を読んで理解しておいて下さい。入試には出題されます。

① 正

抽出の例として、お茶の葉にお湯をそそぐと、お茶のエキスが緑色になって出てきます。一方、お茶の葉っぱはお湯に溶けないので、

そのまま残ります。このように，お茶のエキスと葉っぱを分離するのに用いるのが抽出です。

② 誤

昇華法ではなく，分留といいます。例として，水とエタノールの混合溶液があるとき沸点の低いエタノール（沸点78℃）から初めに蒸発させて気体とし，この気体をさらに冷やすと液体に戻ります。このようにして水とエタノールを分離するのに用いるのが分留です。

③ 誤

再結晶ではなくろ過といいます。例として，砂が混ざった食塩水があります。ろ紙がセットされたろうとを用いてろ過するとろ紙に砂が残り，食塩水はろ紙を通過して下にたまります。このように砂と食塩水を分離するのに用いるのがろ過です。

④ 誤

ろ過ではなく，再結晶といいます。例として，硝酸カリウム（KNO_3）と塩化ナトリウム（$NaCl$）の混合物に水を加えて溶かします。

硝酸カリウムは温度差による析出量が多い物質です。一方，塩化ナトリウムは温度差による析出量が少ない物質です。このような組み合わせのとき，高い温度から低い温度にすると硝酸カリウムだけを析出させることができるのです。この分離法を再結晶といいます。

⑤ 誤

蒸留ではなく，昇華法といいます。例として，食塩とヨウ素の混合物があるとき，加熱するとヨウ素は分子結晶の固体なので昇華を起こします。するとヨウ素は固体から気体になり，これをまた冷やすと固体に戻ります。食塩はイオン結晶の固体で昇華は起こりません。この分離法を昇華法といいます。

① …… 問5 の【答え】

第2講

元素の性質・化学結合

> 単元1　元素の性質
> 単元2　化学結合

第2講のポイント

今日は第2講「元素の性質・化学結合」というところをやっていきます。この辺はなかなかわかりづらいところなので，イメージを大切にしてください。
　(1)イオン化エネルギー　(2)電子親和力　(3)電気陰性度
それぞれの違いを正確に把握します。
さらに，化学結合の種類を徹底理解します。

単元 1 元素の性質

1-1 イオン化エネルギー

　まず「**イオン化エネルギー**」という言葉に注目です。イオン化エネルギーとは，気体状態の原子から電子1個を取り去って，1価の陽イオンにするのに必要なエネルギーのことです。

　イオン化エネルギーは，その値が小さいほど1価の陽イオンになりやすいということです。この「小さい」というところがポイントで，意識的に覚えていないと混乱するので気をつけましょう。

　ひとつひとつイメージしていきますよ。

　まずイオン化エネルギーの値を，グラフで確認してみましょう。

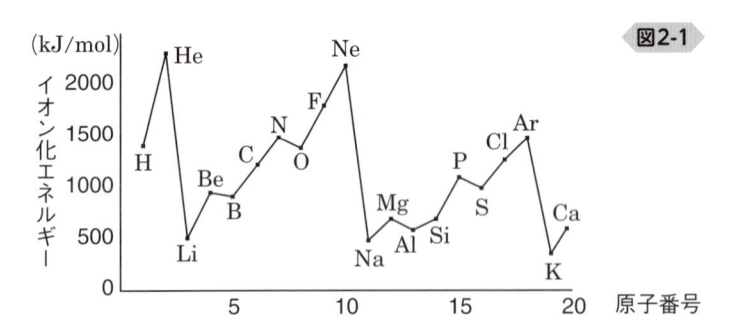

図2-1

He（ヘリウム），Ne（ネオン），Ar（アルゴン）という極端に大きいところが見えるかと思いますが，これらは希ガス（→28，32ページ）です。

　ここでナトリウム原子と酸素原子を例に，イオン化エネルギーとはどういうものなのかを説明してみようと思います。

単元 1 元素の性質　51

・イオン化エネルギーのイメージ（ナトリウム原子の場合）

$_{11}$Na の電子配置図を見てみましょう 連続 図2-2①。

第1講で僕は，原子中の電子が，**K殻ならば2個，K殻以外ならば8個になると安定**だから，安定するために電子が勝手に飛び出ていってしまう，みたいなことを言いました。でも実は，ちょっとエネルギーが必要なんです。

どんなエネルギーでも構いません。最初はもう，すごく小さいエネルギーからここに当てていき，徐々に大きくしていきます 連続 図2-2②。

やがて，あるところまで行くと，電子がポンと飛び出して Na$^+$ になります。**その飛び出すのに必要な最低のエネルギーをイオン化エネルギー（正式には第1イオン化エネルギー）というんです** 連続 図2-2③。

図によるイメージを大切にしてくださいね。

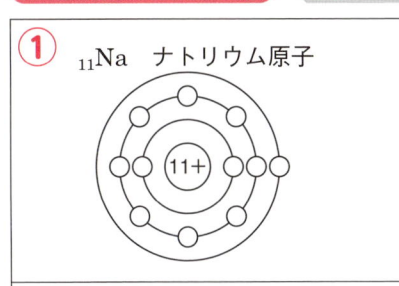

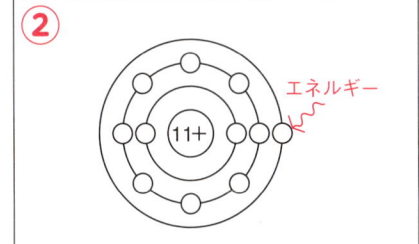

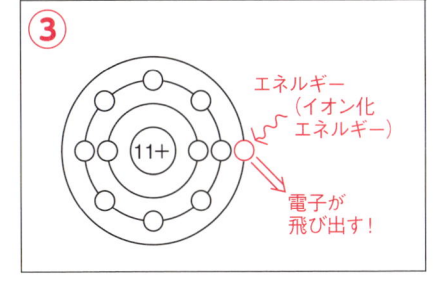

イオン化エネルギー……原子にエネルギーを加え，電子を飛び出させるとき必要な最低限のエネルギー

• イオン化エネルギーのイメージ（酸素原子の場合）

今，説明したナトリウムは金属の代表例として紹介しました。それに対して非金属の代表例として酸素の場合を描いてみようと思います 連続 図2-3①。

酸素の場合も，やはりエネルギーを加えて電子を飛び出させようとするわけですが，非金属は陰イオンになりやすく，陽イオンになりにくい。逆に金属はすべて陽イオンになります。

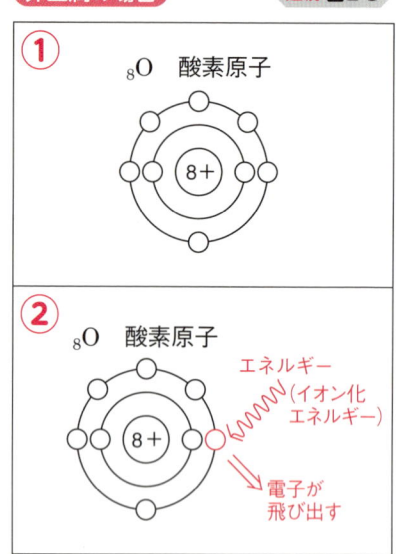

酸素は非金属ですが，ナトリウムと同様に，エネルギーを徐々に加えていきますと，ある瞬間電子が飛び出ていきO^+になります 連続 図2-3②。

• イオン化エネルギーは金属⼩，非金属⼤

このように，ナトリウムと酸素を代表例に，金属と非金属の電子が飛び出すときのエネルギーを測定してみると，次のようなことがわかります。

金属原子の電子を1個飛び出させるためのエネルギーを測定してみると，非常に小さい値で飛び出ていきます。それに対して，非金属原子にエネルギーを与えて電子を飛び出させるためには，これよりもかなり大きなエネルギーが必要になります 図2-4。

図2-4

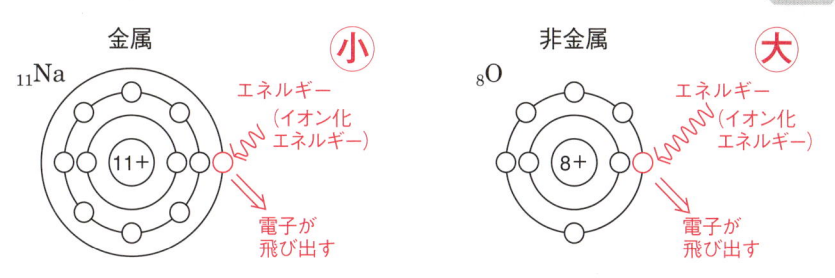

金属　小　　　　　　　　非金属　大
₁₁Na　エネルギー　　　　₈O　エネルギー
　　　（イオン化　　　　　　　（イオン化
　　　エネルギー）　　　　　　エネルギー）

電子が飛び出す　　　　　　電子が飛び出す

イオン化エネルギーが小さいほど陽イオンになりやすい。

　つまり陽イオンになりやすいものは，ちょっとエネルギーを与えてやれば容易に電子が飛び出ていくわけです。だから，エネルギー的には小さくてすむ。

　しかし，その金属でも，電子がただ勝手に飛び出ていくということはありません。だから，飛び出させるためには，それなりのエネルギーが必要なんです。

　そして，イオン化エネルギーは**金属では小さく，非金属では大きい**。非金属の中でも，特に**希ガス**は最も安定でいい状態ですから，普通の非金属以上になかなか飛び出ていってくれない。だからイオン化エネルギーは**極めて大きな値になるわけです**。

単元 1　要点のまとめ ❶

イオン化エネルギー

　気体状態の原子から電子1個を取り去って，1価の陽イオンにするのに必要なエネルギーを**イオン化エネルギー**という。イオン化エネルギーは**その値が小さいほど，1価の陽イオンになりやすい**。

　　金属…**小さい**　　非金属…**大きい**　　希ガス…**極めて大きい**

1-2 電子親和力

では次にいきます。「**電子親和力**」という言葉をおさえておきましょう。「**電子親和力**」は今説明した「**イオン化エネルギー**」，そしてのちほど出てくる「**電気陰性度**」と合わせ，**3点セット**でよく出てきます。それぞれをしっかりイメージできるようになりましょう。

まず定義を説明すると，気体状態の原子が電子1個を取り入れて1個の陰イオンになるとき放出するエネルギー，これを電子親和力といいます。

大切なのは，**電子親和力は，その値が大きいほど1価の陰イオンになりやすい**ということです。この「大きい」というところに注目です。さきほどのイオン化エネルギーの場合，「小さい」でした。ですから，「大きい」というところを意識的に覚えておかないと，なかなかうまく正解が出ないと思います。ぜひ，そこのところはおさえておいてください。

そして，今から説明していきますが，電子親和力は**金属では小さい，非金属では大きい，希ガスでは極めて小さい**，となります。

・電子親和力のイメージ（ナトリウム原子の場合）

電子親和力も，ナトリウムと酸素でイメージを示します。まずナトリウムです 連続 図2-5①。

さきほどはエネルギーを加えて電子1個を飛び出させ，そのときのエネルギーをイオン化エネルギーといいました。今度は逆です。このナトリウムという

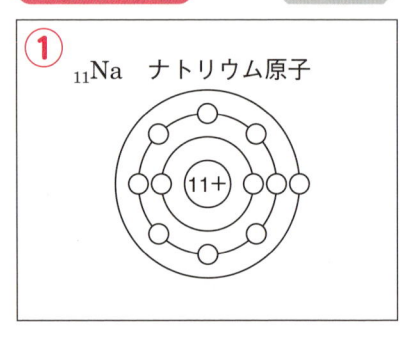

電子親和力とは　　連続 図2-5

① $_{11}$Na　ナトリウム原子

単元 1 元素の性質　55

原子に電子をどんどんどんどんぶつけます！　ピストルみたいなものでバンバンバンバン撃っているイメージです。そうしてぶつけていると，あるとき電子がちょうどM殻のところに入り込んだとします 連続 図2-5②。

はい，たまたま電子が1個入り込みNa⁻になりました。**そうやって原子が電子を受け取ると，エネルギーが放出されるという現象が起こるんです** 連続 図2-5③。

連続 図2-5 の続き

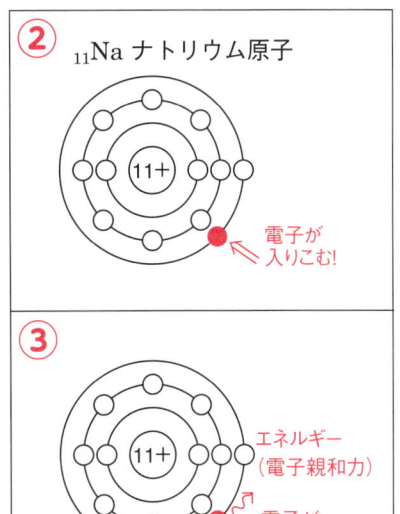

② ₁₁Na ナトリウム原子
電子が入りこむ！

③
エネルギー（電子親和力）
電子が入りこむ！

このエネルギーのことを電子親和力といいます。

電子親和力……原子が電子1個を受け取るとき放出されるエネルギー

・電子親和力のイメージ（酸素原子の場合）

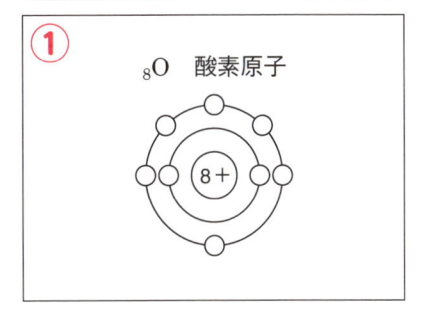

次に同様に，非金属の代表として酸素をちょっと見てみます。最外殻電子は6個あります 連続 図2-6①。

そこにまた，電子をバンバンバンバン撃ち込みます。そして，たまたま1個受け取りO⁻になるとき

非金属の場合　連続 図2-6

① ₈O 酸素原子

にエネルギーが放出されます 連続 図2-6② 。

さらに，このとき放出されるエネルギーを測定すると，次のことがわかりました。

金属の場合は，このエネルギー（電子親和力）の値は小さく，非金属の場合は，大きい 図2-7 。

連続 図2-6 の続き

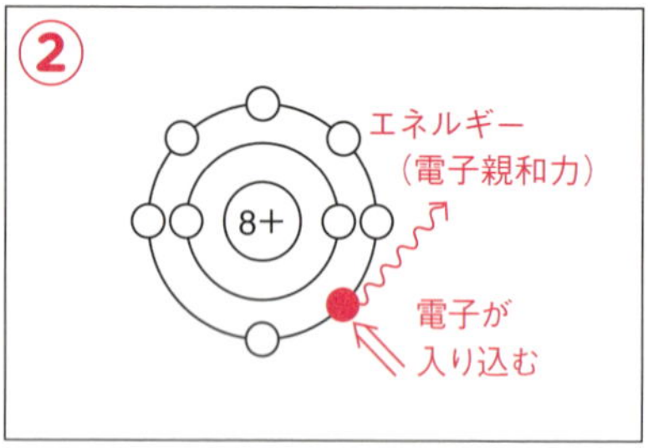

だから，これはもう実測値でそういうふうになっておりますので，ある程度知っておかなくてはいけないでしょう。

図2-7

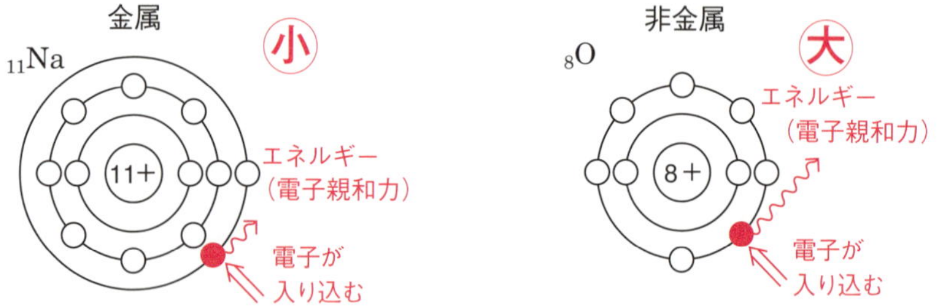

電子親和力が大きいほど陰イオンになりやすい。

単元1 要点のまとめ②

電子親和力

原子が電子1個を取り入れて，1価の陰イオンになるとき放出するエネルギーを**電子親和力**という。電子親和力は**その値が大きいほど，1価の陰イオンになりやすい。**

金属…小さい　非金属…大きい　希ガス…極めて小さい

単元 1　元素の性質

•イオン化エネルギーと電子親和力の相違点

　ここでイオン化エネルギーの 図2-4 と電子親和力の 図2-7 を見比べてみましょう。大変似ているでしょう？

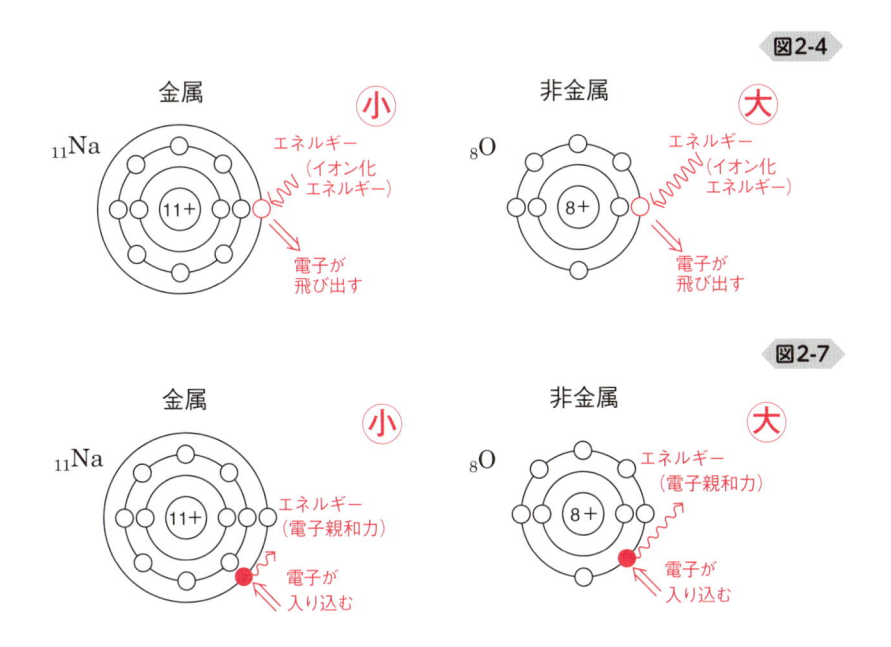

図2-4

金属　小　　　　　非金属　大
₁₁Na　エネルギー（イオン化エネルギー）　　₈O　エネルギー（イオン化エネルギー）
（11+）電子が飛び出す　　（8+）電子が飛び出す

図2-7

金属　小　　　　　非金属　大
₁₁Na　　　　　　　₈O　エネルギー（電子親和力）
（11+）エネルギー（電子親和力）電子が入り込む　　（8+）電子が入り込む

　イオン化エネルギーの場合，エネルギーを加えると電子が飛び出ていった。金属であるナトリウムの場合，そのときのエネルギーの値は小さい。非金属である酸素の場合は大きい。

　一方，逆に電子親和力は，電子が入り込んでくるとエネルギーが放出される。ただし，**その値の大小関係は，さきほどのイオン化エネルギーと同じで，ナトリウム（金属）は小さく，酸素（非金属）は大きい。**

　つまり，**エネルギーを加えて電子を飛び出させる場合はイオン化エネルギーで，逆に電子が入り込んでいったときにエネルギーが放出される場合は電子親和力ですが，その大小関係は同じになります。**

岡野流必須ポイント ③　イオン化エネルギーと電子親和力のイメージ

イオン化エネルギー
　…エネルギーを加えて電子を飛び出させる。
電子親和力
　…電子が入り込んでいきエネルギーが放出される。

※両方とも，その値は金属で小さく，非金属で大きい（**大小関係が同じになる**）

アドバイス　希ガスの電子親和力はどうか？　希ガスの場合は，今一番安定な状態ですから，電子を非常に受け取りにくい。金属よりももっと受け取りにくい。だから，金属よりもさらに小さい値になります。すなわち「単元1　要点のまとめ②」（→56ページ）にあるように，「極めて小さい」となるわけです。

1-3　電気陰性度

　では，3点セットの3番目「**電気陰性度**」です。電気陰性度とは，原子が結合するとき，その結合に関与する電子を引きつける強さの尺度です。**その値が大きいほど，電子を強く引きつけます。**この数値は覚える必要はありませんが，電気陰性度の値が大きいということは，それだけ自分の側に電子を引っ張り込む力が強いということです。

　あと，次のような表現が入試によく出てきます。

> 周期表では，18族元素を除いて
> 右ほど，上ほど電気陰性度の値は大きく，
> 左ほど，下ほどその値が小さい。

単元 1 元素の性質

では，周期表でイメージを確認しましょうか 図2-8 。

「右ほど，上ほど」とか，**「左ほど，下ほど」**とか，こういう言葉を知っていないと，急に出てきたときに，混乱してしまいます。

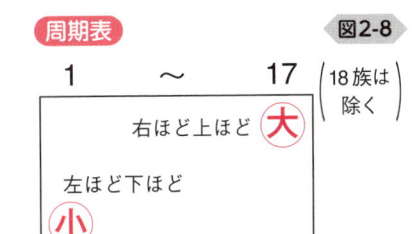

しっかりと頭に入れておきましょう。

図2-8

周期表

1 ～ 17 （18族は除く）

右ほど上ほど **大**
左ほど下ほど
小

・ホンとに来るよ合格通知

それでは，ここでは何を大事に扱っていけばいいか？　まずは 図2-9 を見てください。電気陰性度は，フッ素（F）の場合3.98と書いてありますが，**この数値を覚える必要は全くありません**。けれども，値が**大きい元素だけは知っておきましょう**。これは大変よく入試に出ます。**F，O，N，Cl，この上位4つはどうぞ覚えてください**。どうやって覚えるかといいますと，

図2-9

電気陰性度の値（大きいほど電子を引きつける）

周期\族	1	2	13	14	15	16	17
1	H 2.20						
2	Li 0.98	Be 1.57	B 2.04	C 2.55	N 3.04	O 3.44	F 3.98
3	Na 0.93	Mg 1.31	Al 1.61	Si 1.90	P 2.19	S 2.58	Cl 3.16
4	K 0.82	Ca 1.00	Ga 1.81	Ge 2.01	As 2.18	Se 2.55	Br 2.96

岡野流必須ポイント 4　電気陰性度の大きい元素

大きい順　→　F，O，N，≒ Cl
（元気いい生徒）　　ホ　　ン　とに　来るよ合格通知

毎日元気よく努力する生徒には，本当に合格通知が来ることでしょう。ん，元気いい生徒（ゲンキイイセイト），……電気陰性度（デンキインセイド），似てますよね（笑）。そして**F，O**で「ホ」，**N**で「ン」，**Cl**で「来る」でしょう。

「元気いい生徒（電気陰性度）ホンとに来るよ　合格通知」と覚えます。

僕がゴロで言うのは絶対必要なときです。よろしいですね。

アドバイス　「ホンと」の「ホ」は**H，O**じゃありませんよ。**F，O**です。**図2-9**からわかりますね。一番大きいのは，「右ほど，上ほど」だから，17族の上に来るものです。それは**F**，フッ素です。

・水素結合をもつ化合物

関連してもう1つ，知っておいてもらいたいことがあります。それは水素との化合物で水素結合をもつものです。水素結合については，またのちほど詳しく説明します（→**115**ページ）。

重要❗

$$F,\ O,\ N, \fallingdotseq Cl$$
$$\downarrow\quad\downarrow\quad\downarrow$$
$$(HF,\ H_2O,\ NH_3\ は水素結合をもつ)$$

ここで注意することは，電気陰性度はN（3.04）よりCl（3.16）の方が大きいのですが，水素結合がNH₃にはあり，HClにはないことです。**大きさの順番を問うてくる問題のとき，このゴロだとNとClが逆になるので，このときだけは気をつけてください。**

HF（フッ化水素），H₂O（水），NH₃（アンモニア），この３つは水素結合をもつということを覚えておいてください。大変よく入試に出てくるところです。ただし，塩素の場合はもたないことに注意しましょう。

単元 1 要点のまとめ ❸

電気陰性度

　原子が結合するとき，その結合に関与する電子を引きつける能力を表す尺度を**電気陰性度**という。**電気陰性度が大きいほど電子を強く引きつける**。周期表では，18族元素を除いて，右ほど上ほどその値が大きく，左ほど下ほどその値が小さい。

演習問題で力をつける ❷
3点セットで言葉の意味を理解しよう！

問 次の文は周期表の第3周期までの元素についてのべたものである。

(1) 次の元素のうち，第1イオン化エネルギーの最も大きいものはどれか。
　①Na　②Mg　③Al　④Si　⑤P　⑥S　⑦Cl　⑧Ar

(2) 次の元素のうち，電子親和力の最も大きいものはどれか。
　①Na　②Mg　③Al　④Si　⑤P　⑥S　⑦Cl　⑧Ar

(3) 次の元素のうち，電気陰性度の最も大きいものはどれか。
　①Li　②Be　③B　④C　⑤N　⑥O　⑦F　⑧Ne

さて，解いてみましょう。

(1)　第1イオン化エネルギーとイオン化エネルギーは同じものと考えて結構です。イオン化エネルギーの大きい元素は非金属元素であり，その中でも**希ガスが最も大きいものでしたね**。なぜなら，最外殻の電子1個を取り去るのに，希ガスが一番大きなエネルギーを必要としたからです。したがってArの⑧が解答となります。

　　　　⑧ ……　(1)　の【答え】

(2)　**電子親和力の大きい元素**は希ガスを除いた**非金属元素**でしたね。さて，ここではこれに該当するのは **Si，P，S，Cl** です。この中で一番陰イオンになりやすいものを選べば，それが電子親和力の最も大きい元素となるわけです。ここで，図2-10 を見てください。

単元 1　元素の性質　63

図2-10

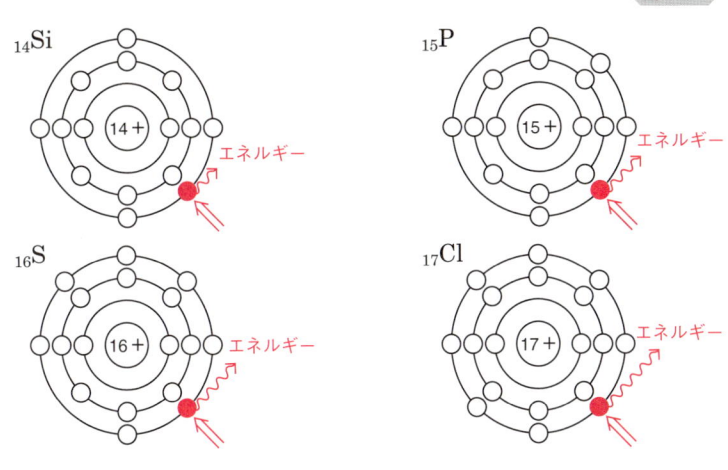

₁₄Si　　　　　　　　　　　　₁₅P

(14+)　エネルギー　　　　　(15+)　エネルギー

₁₆S　　　　　　　　　　　　₁₇Cl

(16+)　エネルギー　　　　　(17+)　エネルギー

> **岡野の着目ポイント**　これら4つの電子配置図をみると，どの元素も原子核から最外殻までの距離は，K殻からM殻まで存在するのでほぼ同じですね。このとき**陽子の数の多いものほど電子を引きつけやすいのです。**

　したがって，Clが一番陽子数を多くもつので，この中で最も陰イオンになりやすいということになります。

　　　⑦……(2)　の【答え】

　ここでよくあるご質問に，「₁₁Naと₁₉Kでは，Naのほうが陽子数が少ないので電子を引きつける力が弱く，陽イオンになりやすいのでは？」というのがあります。このことを少し説明しておきましょう。

　このご質問は同一周期では正しいのですが，異なる周期では違うのです。つまりNaとKでは，Kのほうが原子核から最外殻までの距離が長い（NaはK殻，L殻，M殻，KはK殻，L殻，M殻，N殻まである）ので，電子を引きつける力が弱く，陽イオンになりやすいと考えられます。

　ここでは陽子数と原子核から最外殻までの距離という，ちょうど正反対の要因が生じてきます。陽子数で考えるとNaのほうが陽イオンになりやすいし，距離で考えるとKのほうが陽イオンになりやすい。いったいどっちなんでしょう？　結論をいいますと，実際には**距離**

が陽子数よりも優先されるのです。ですから，Kのほうが陽イオンになりやすいのです。このことは一部例外はありますが，ほとんど成り立ちます。

(3) 電気陰性度の大きい順は，次の元素のみ覚えておきましょう。

> **岡野のこう解く**
>
> 大きい順　　　→　F，O，N，≒　Cl
> （元気いい生徒）　　ホ　　ン　とに 来る よ　合格通知

したがってF（フッ素）が最も大きくなります。

⑦……(3) の【答え】

単元 2 化学結合

次は「化学結合」をやっていきましょう。前回，価電子についてやりました（32ページ）が，化学結合とは，原子どうしがお互いの価電子を用いてつくる結合のことです。

2-1 化学結合の種類

主な化学結合は，「**イオン結合**」，「**共有結合**」，「**金属結合**」の3種類があります。「**配位結合**」を含めると4種類になりますが，**最初の3つ**を特にしっかりおさえておきましょう。

2-2 イオン結合

まずは「**イオン結合**」です。陽イオンになりやすい金属元素は，最外殻の電子を放出して陽イオンになり，陰イオンになりやすい非金属元素は，最外殻に電子を取り入れて陰イオンになり，安定な電子配置を取ろうとします。陽イオンと陰イオンの間には，**静電気的な引力（クーロン力）** がはたらいて結合が生じるんですね。これがイオン結合です。

それから，次が大きなポイントになります。

重要！ 金属と非金属の結合であれば，すべてイオン結合

金属と非金属の結合であれば，すべてイオン結合です。そこで見分けます。よろしいでしょうか。

じゃあ，金属と非金属って何なのか？　はい，これをおさえておきましょう。

> **重要!**
> 原子番号1〜20番までの金属元素は7種。
> Li Be Na Mg Al K Ca

金属か非金属かがきっちりわかっている人は，イオン結合がパッとわかるわけです。**ちなみにこの7種が金属元素ですから，残りの13種はすべて非金属元素です。**ぜひ知っておいてくださいね。

・クーロン力によるイオン結合

塩化ナトリウム（NaCl）を例にとりますとナトリウムイオンNa^+と塩化物イオンCl^-がプラスとマイナスの引っ張り合いで結合をつくります。例えば，磁石ではS極とN極が引っ張り合うということは，僕らは小さいころずいぶん遊んだので，もう経験としてわかっています。電気の場合も，プラスとマイナスが近づいてくると，それらが引っ張り合うという現象が起こります。そこではたらく力を**クーロン力**とよぶんですね。このクーロン力がはたらいてNa^+とCl^-がイオン結合しているのです。

単元 2 要点のまとめ ❶

イオン結合

　陽性の強い金属元素は外側の殻の電子を放出して陽イオンになり，陰性の強い非金属元素は最外殻に電子を取り入れて陰イオンになり，いずれも安定な電子配置を取ろうとする。陽イオンと陰イオンの間には**静電気的な引力（クーロン力）**がはたらいて結合が生じる。
　このような結合を**イオン結合**という（**金属と非金属の結合**）。

(注意) 現行課程ではイオン結合の電子式は範囲外となり，学習しなくてもよくなりましたので省略します。

2-3 共有結合

　今度は「**共有結合**」です。共有結合とは，2つの原子が**互いに同じ数ずつ電子を出し合って**電子対というものをつくり，これを共有して結びつく結合です。はい，この見分け方のポイントは，

重要❗ 非金属どうしの結合

　金属と非金属でできた結合はイオン結合，非金属どうしでできた結合は共有結合です。そして，共有結合をつくるとき**水素原子では2個，その他の原子では8個**の最外殻電子が自分のもち分になると安定します。

　共有結合はどのようにできあがってくるか？　さきほどのイオン結合では，プラスのイオンとマイナスのイオンがあると，プラスとマイナスの引っ張り合いで結合ができました。ちょっと積極

的な結合ですね。

　一方，今回の共有結合は，2つの原子が安定になろうとするわけです。たまたま酸素原子が飛んできて，そこに水素原子が近づいてきたときに，お互いに安定になろうとして電子を貸し与える。そこで結合をつくったという偶然の結果なんです。

・共有結合の成り立ち

　では，電子式で共有結合の例を見てみましょう。電子式とは最外殻電子を点で表した式でしたね（→18ページ）。まず水を取りあげて説明しますよ。

　結合に関係があるのは最外殻電子，一番外側の電子です。だから，内側の殻は今考えません。ここに酸素Oがあって，最外殻だけを考えますと，6個の電子が入っています 連続 図2-11①。なおこの図は「**岡野流**」の書き方で，普通はこんなこと書きません。

　さて**水素原子では，電子が2個，その他の原子では8個自分のもち分になると安定です。**

　ここではまだ6個しか自分のもち分になってないから，不安定ですね。そこで安定になろうとして，水素と共有結合をします 連続 図2-11②。

電子を共有して結びつく

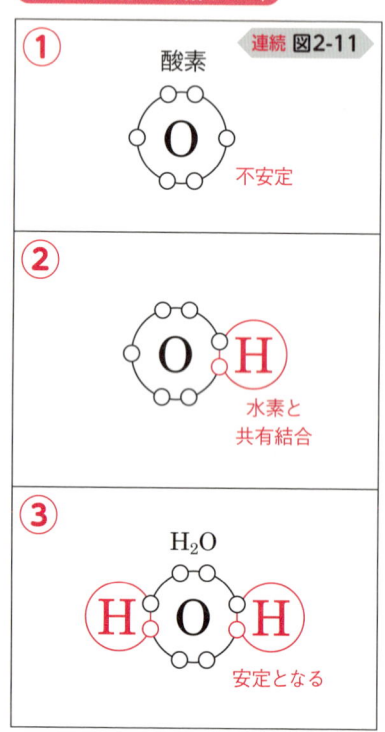

連続 図2-11

① 酸素　O　不安定

② O H　水素と共有結合

③ H₂O　H O H　安定となる

水素が酸素に近づいてきて，**お互いに同じ数ずつ電子を貸し与える。** この場合は1個ずつですね。共有というのは，自分のものでもあるけれど，他人のものでもあるわけでしょう。

　だから， 連続 図2-11② の赤い水素にしてみれば，ここにある赤い電子はもちろん自分のものだけど，白い電子も自分のものだと言っていいわけです。共有の関係になりますから。

　そういうことで，水素だけ見れば，自分のもち分が白と赤1個ずつで合計2個になったでしょう。**水素原子では電子2個が自分のもち分になると安定だから，** 水素にしてみればこれで大満足です。ところが酸素にしてみれば，まだ満足していない。白6個と赤1個だから合計まだ7個しかない。8個にならないと安定にならないから，もう1回同じことが繰り返されるわけです 連続 図2-11③ 。

　これで，左右の水素とも電子2個が自分のもち分になり，さらに酸素は白の6個と赤の2個（合計8個）が自分のもち分になり，安定です。共有関係ですね。

　これを電子式で表したいなら，最外殻電子を点で表せばいい。そうすると， 図2-12 のようになりますね。

水(H$_2$O)の電子式　図2-12

H:Ö:H

連続 図2-11③ の最外殻の線を消し，電子の丸をぬりつぶすとこうなる。

・アンモニアが生成する共有結合

　じゃあ，アンモニアについてやってみます。まず窒素原子Nを考えます。

　これも「岡野流」で，最外殻電子だけをわっか状に表してみます。窒素の原子番号は7番なので，K殻2個，L殻5個です。だから最外殻に電子が5個ありますね 連続 図2-13① 。

　これでは安定しないので，窒素と水素はお互いに共有結合の関係

になろうとします 連続 図2-13②。これで水素の電子は2個が自分のもち分となり安定でしょう。だけど, 窒素はまだ5個＋1個で6個なので安定になっていません。あと2個電子が欲しい。そこでさらに2回同じように繰り返す。すると 連続 図2-13③ のようになりますね。

これで窒素のもち分としては, 白5個＋赤3個で**8個**となり, 満足です。水素にしてみても, それぞれ**2個**ずつ自分のもち分だから全部満足。どの原子もすべて満足な状態になっているわけです。

そして, これを電子式で書けば, 図2-14 のようになります。

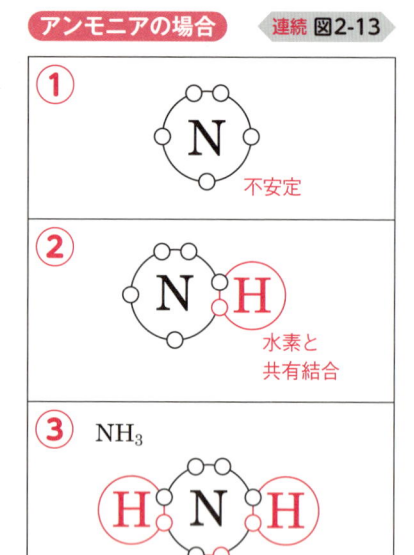

アンモニアの場合　連続 図2-13

① N 不安定

② N−H 水素と共有結合

③ NH_3 H−N−H、H　安定となる

アンモニア（NH_3）の電子式

図2-14

$$H:\overset{..}{\underset{..}{N}}:H$$
$$H$$

・共有電子対と非共有電子対

あとはちょっと言葉を覚えていただきたい。図2-15 を見てください。

図のうち, 共有結合に関係のないところの電子のペアのことを「**非共有電子対**」といいます。一方, 共有結合に関係のある電子対, これは, 「非」ではなくて, 「**共有電子対**」といいます。

図2-15

H:O:H

⸻ は共有電子対
┆┆ は非共有電子対

• 構造式

　それから「**価標**」と「**構造式**」というものを紹介します。価標とは，1対の共有電子対を1本の線で表したものです。

　すなわち，図2-15 を価標を用いて表すと，図2-16 のようになります。**非共有電子対はもう全然書かなくていいんですね**。そしてこのように，**価標を用いて表した式のことを構造式といいます**。

水の構造式　図2-16

$$H-O-H$$

　ちなみに，図2-14 のアンモニアも構造式で表すと，図2-17 のようになります。おわかりいただけましたね。

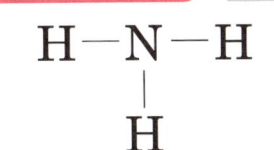

アンモニアの構造式　図2-17

$$H-N-H$$
$$|$$
$$H$$

単元 2　要点のまとめ ❷

共有結合

　2つの原子が**互いに同じ数ずつ電子を出し合って**電子対をつくり，これを共有して結びつく。この結合を**共有結合**という（**非金属どうしの結合**）。

　このとき**水素原子では2個，その他の原子では8個の最外殻電子**が自分のもち分になると安定する。

- **共有電子対**…共有結合において2つの原子間に共有された電子対
- **非共有電子対**…共有結合において結合に関係しない電子対
- **価標**…1対の共有電子対を1本の線で表したもの
- **構造式**…価標を用いて表した式

2-4 金属結合

では，次にいきます。「**金属結合**」です。金属結合というのは，金属陽イオンとその周りを「**自由電子**」が動き回ることによって生じる結合のことです。自由電子というのは，名前のとおり自由に動き回ることができる電子という意味です。そして，見分け方のポイントは，

> **重要！** 金属単体であれば，すべて金属結合

このように考えてもらって大丈夫です。鉄なら鉄，ナトリウムならナトリウム，こういう単体，すなわち1種類の元素からできている場合であれば，かならず金属結合が使われているということです。

・自由電子

自由電子というのをちょっと説明しておきますが，**自由電子というのは**特に**金属の最外殻電子**のことをいいます。別の言い方をすると，**金属の価電子**です。一番外側の電子というのは自由に飛んでいって（放出されて），その結果，原子は陽イオンになりやすいわけです。1つの原子に拘束されないから，自由に動き回れる電子ということで自由電子なんですね。

・金属結合のイメージ

図2-18 を見てください。ナトリウムという金属があって，これの自由電子が飛び出ていくと陽イオンになります。ナトリウムの陽イオンです。イメージとしては，この陽イオンが，飛び出て

いった自由電子の海の上に，ぽっかり浮かんだようになっていると思ってください。

金属結合は 図2-18 のように，自由電子がナトリウムの陽イオンを取り囲み，プラスとマイナスの引っ張り合い，いわゆるクーロン力によって，ナトリウムはもうこれ以上自由に動けない状態にあります。電子が間を取りもって，プラスとマイナスで引っ張っていて，それによって結合ができているということです。

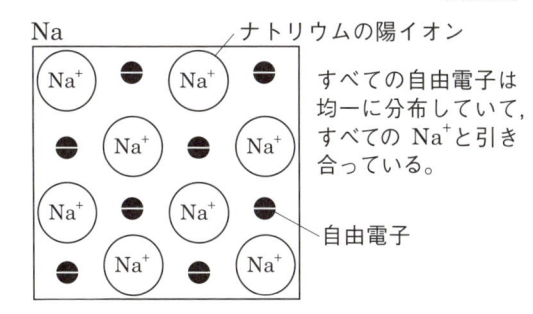

図2-18

すべての自由電子は均一に分布していて，すべての Na^+ と引き合っている。

自由電子

自由電子と**金属結合**という言葉を，大事におさえてください。

単元 2 要点のまとめ ❸

金属結合

金属陽イオンとそのまわりを**自由電子**が取り囲むことによって結合が生じる。この結合を**金属結合**という（金属単体）。

2-5 配位結合

次に「**配位結合**」にいきます。

配位結合とは，一方の原子は電子を出さず，もう一方の原子がその**非共有電子対**を出し，その電子対を共有するという結合です。

つまり，配位結合は共有結合の特別な場合で，**できてしまえば他の共有結合と区別はつかないんですね。**

・一方的に電子を貸し与える

例として，アンモニアと水素イオンからアンモニウムイオンができる場合をちょっと見てみましょうか。

アンモニアの電子式は 連続 図2-19① のように書けます。

このとき図にしたがいますと，アンモニア分子には**非共有電子対**，すなわち共有結合に関係のない電子対が1つあるわけです。

さて，今まで共有結合というのは，さきほども見てもらったように，お互いに同じ数ずつ電子を貸し与えました。

ところが，今度の配位結合の場合，**この非共有電子対の2つの電子を一方的に貸し与えます** 連続 図2-19② 。

配位結合の例　連続 図2-19

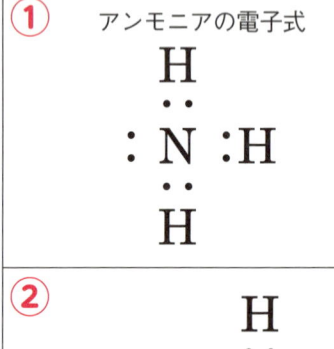

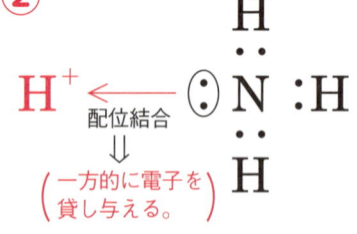

① アンモニアの電子式

$$\text{H}$$
$$:\!\overset{..}{\underset{..}{\text{N}}}\!:\!\text{H}$$
$$\text{H}$$

②
H$^+$ ← :N:H 配位結合
⇒（一方的に電子を貸し与える。）

③ アンモニウムイオンの電子式

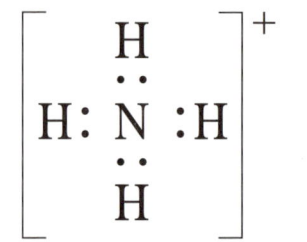

$$\left[\text{H}:\!\overset{..}{\underset{..}{\text{N}}}\!:\!\text{H}\atop \text{H}\right]^+$$

だれに？　これは水素イオンH^+にです。

もともと水素原子は電子を1個しかもっていないので，電子が1個飛び出してできる水素イオンというのは，電子を全然もっていません。そういう状態のものに，電子を一方的に貸し与える 連続 図2-19③ 。

これを配位結合といいます。配位結合のポイントは，

重要❗ 一方的に電子を貸し与える

というところです。

こうして，できあがった後というのは，もはやどこの部分が配位結合だったかわからないわけです。だから，**共有結合との区別がつかなくなるんですね。**

単元 2 要点のまとめ ❹

配位結合

一方の原子は電子を出さず，もう一方の原子が**非共有電子対**を出し，お互い電子対を共有することによる結合。**配位結合は，共有結合の特別な場合であり，できてしまえば他の共有結合と区別はない。**

2-6 化学式とその名称のつけ方

じゃあ，あとは化学式とその名称のつけ方ということで，原則をお教えします。ここでは，特に**イオン結合**からなる物質についてやりましょう。例として，NaClとCa$_3$(PO$_4$)$_2$を挙げて説明します。

NaCl，Ca$_3$(PO$_4$)$_2$とも，金属と非金属からなるので，イオン結合でできています。さきほど原子番号1～20番までの7個の金属元素というのを紹介しましたが，ここではナトリウムとカルシウムが金属です。よってその他は非金属です。また，**化学式をつくるときは，陽イオンと陰イオンの合計した電荷がゼロになるようにします。**

• NaCl（塩化ナトリウム）

ナトリウムイオンNa$^+$と塩化物イオンCl$^-$が，プラスとマイナスちょうど1個ずつで数が合いますから，1個ずつ結びつければいい。そして化学式と名称のつけ方，書き方には次のような原則があります。

化学式は＋→－に書く．
名称は－→＋に書く．

図2-20 を見てください。**化学式は＋から－に書く**という約束だから，ナトリウムのほうから先に書いて，塩素のほうを後に書きます。よってNaCl。これをClNaとは書きませんね。

図2-20

Na$^+$……ナトリウムイオン
Cl$^-$……塩化物イオン

化学式　$\overset{(+ \rightarrow -)}{\text{NaCl}}$

名称　$\overset{(- \longrightarrow +)}{\text{塩化ナトリウム}}$

そして**名称は−から＋**ですが，このとき「**イオン**」や「**物イオン**」という言葉は省略します。陰イオンのほうから読んで，「塩化ナトリウム」といいます。よろしいですね？

• $Ca_3(PO_4)_2$ （リン酸カルシウム）

カルシウムの場合も同様です 図2-21。

カルシウムイオンは Ca^{2+}，リン酸イオンは PO_4^{3-}。それぞれ電荷が＋2と−3なので，組み合わせるときは**最小公倍数の6**をもってくるわけです。6個のプラスと6個のマイナスを結びつければいい。そのためには，Ca^{2+} が3つ，PO_4^{3-} が2つ必要なんですね。これでちょうど電荷がゼロになります。

図2-21

Ca^{2+} ……カルシウムイオン
PO_4^{3-} ……リン酸イオン

化学式　Ca^{2+}　　　　　
　　　　Ca^{2+}　PO_4^{3-}　∴ $Ca_3(PO_4)_2$
　　　　Ca^{2+}　PO_4^{3-}
　　　　Ca^{2+}

名　称　　リン酸カルシウム

それで，化学式を書くときは＋から−です。Caが3つ分。その場合には下に小さく3と書くという約束です。PO_4 は，これ全体が2つ欲しいから，全体を括弧して下に2と書きます。括弧がないと PO_{42} となり，おかしいですね。

名前はリン酸イオンとカルシウムイオンで，さきほどと同じく「イオン」という言葉を取り去り，−から＋だから，「リン酸カルシウム」という名前になります。

意外とスッキリしてるでしょう？

共有結合は例外

ただし，**共有結合**でできた物質というのが，ちょっと例外です。硝酸イオン（NO_3^-）（非金属）と水素イオン（H^+）（非金属）の場合，さきほどの考え方をすれば，HNO_3で，－から＋に読むと「硝酸水素」になってしまいます。しかし，硝酸水素という言い方はしません。水素というのは，この場合省略して，「硝酸」といいます。同様に硫酸（H_2SO_4），炭酸（H_2CO_3），リン酸（H_3PO_4）などがあります。

はい，この原則を知っておくと，かなりの数の物質の名前と化学式が書けるようになります。

では，まとめておきましょう。

単元 2 要点のまとめ ❺

化学式とその名称のつけ方

特にイオン結合からなる物質について，陽イオンと陰イオンの合計した電荷が0になるようにする。

化学式は＋ ⟶ －の順に書く。

名称は－ ⟶ ＋の順に書く。

このとき「**イオン**」や「**物イオン**」という語は省略する。

本の最後に，「イオン式と名称のまとめの一覧表」と「特別復習テスト」（284ページ）がありますので，参考にしてください。

それでは，演習問題にいきましょう。

単元 2 化学結合

演習問題で力をつける ❸
結合の種類を見分けよ！

> **問** 次の物質はイオン結合，共有結合のいずれか。イオン結合にはa，共有結合にはbと記せ。また，⑧，⑨についてはその電子式も記せ。
> ①フッ化ナトリウム　②硫化カリウム　③水
> ④アンモニア　⑤二硫化炭素　⑥二酸化硫黄
> ⑦塩化リチウム　⑧塩化水素　⑨酸素　⑩窒素

さて，解いてみましょう。

まず①〜⑩を化学式で示してみましょう。
①NaF　②K₂S　③H₂O　④NH₃　⑤CS₂
⑥SO₂　⑦LiCl　⑧HCl　⑨O₂　⑩N₂

②の硫化カリウムは，カリウムイオンK^+と硫化物イオンS^{2-}によるイオン結合からできています。**よく，硫酸イオンSO_4^{2-}と間違えるので，気をつけましょう。**

> **岡野の着目ポイント**　これらが，イオン結合，共有結合のいずれか？ということですが，見分けるポイントがありましたね。**イオン結合は金属と非金属の結合，共有結合は非金属どうしの結合でした。**

> **岡野のこう解く**　そして，原子番号1〜20番までの金属元素は次の7種でした。これが大切です。

　　Li, Be, Na, Mg, Al, K, Ca

この7種の元素が金属元素なので，残り13種の元素は非金属元素です。
これさえ知っていれば，解答はすぐに出せますね。

　　①金属と非金属　∴ **a**　　②金属と非金属　∴ **a**
　　③非金属どうし　∴ **b**　　④非金属どうし　∴ **b**
　　⑤非金属どうし　∴ **b**　　⑥非金属どうし　∴ **b**
　　⑦金属と非金属　∴ **a**　　⑧非金属どうし　∴ **b**
　　⑨非金属どうし　∴ **b**　　⑩非金属どうし　∴ **b**
　　　　　　　　　　　　　　　　　　……【答え】

よくある間違いは，⑧のHClをイオン結合としてしまうことです。注意しましょう。

次に⑧，⑨の電子式を示します。⑧，⑨は共有結合であることを，もう一度確認しておきましょう。

⑧　Hでは2個，Clでは8個の最外殻電子が自分のもち分になると，安定します。安定になろうとして互いに結合すると，共有結合になるのです。

したがってHClの電子式は，

$$\text{H}:\overset{..}{\underset{..}{\text{Cl}}}:$$　……⑧　の【答え】

となります。

⑨　Oは8個の最外殻電子が自分のもち分になると安定します。ここではOが2つなので互いのOが安定になろうとして自分のもち分を8個にします。したがってO_2の電子式は

$$\overset{..}{\underset{..}{\text{O}}}::\overset{..}{\underset{..}{\text{O}}}$$　……⑨　の【答え】

それでは，また次回お会いいたしましょう。なお，確認問題を用意しましたので，どうぞチャレンジしてみて下さい。

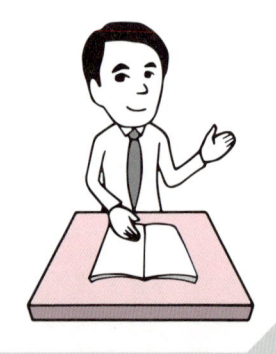

確認問題にチャレンジ！

問1　次のa，bに当てはまるものを，それぞれの解答群の①～⑥のうちから一つずつ選べ。

a　イオン化エネルギーの大きい順に並べたもの。

① He＞H＞Li　　② He＞Li＞H
③ H＞Li＞He　　④ H＞He＞Li
⑤ Li＞H＞He　　⑥ Li＞He＞H

b　電気陰性度が最も大きい元素。

① H　② Li　③ F　④ S　⑤ I　⑥ O

問2　イオンに関する記述として誤りを含むものを，次の①～⑤のうちから一つ選べ。

① 原子がイオンになるとき放出したり受け取ったりする電子の数を，イオンの価数という。
② 原子から電子を取り去って，1価の陽イオンにするのに必要なエネルギーを，イオン化エネルギー（第一イオン化エネルギー）という。
③ イオン化エネルギー（第一イオン化エネルギー）の小さい原子ほど陽イオンになりやすい。
④ 原子が電子を受け取って，1価の陰イオンになるときに放出するエネルギーを，電子親和力という。
⑤ 電子親和力の小さい原子ほど陰イオンになりやすい。

問3　共有結合をもたない物質を次の①～⑤のうちから一つ選べ。

① 塩化ナトリウム　② ケイ素　③ 塩素
④ 二酸化炭素　　　⑤ エチレン

問4　化学結合に関する記述として誤りを含むものを，次の①～⑤のうちから一つ選べ。

① アンモニウムイオンの4個のN—H結合の性質は，互いに区別できない。

② エタノール分子の原子間の結合は共有結合である。
③ 塩化ナトリウムの結晶はイオン結合からなる。
④ ダイヤモンドでは，炭素原子が共有結合でつながっている。
⑤ 金属ナトリウムでは，ナトリウム原子の価電子は，金属全体を自由に動くことができない。

問5 共有電子対と非共有電子対の数が等しい分子を次の①〜⑤のうちから一つ選べ。
① N_2　② Cl_2　③ HF　④ H_2S　⑤ CH_4

さて，解いてみましょう。

問1a イオン化エネルギーが小さい値ほど，1価の陽イオンになりやすかったですね「単元1　要点のまとめ①」（→53ページ）。このとき，**金属では小さい，非金属では大きい，希ガスは極めて大きい。**

　　He……**希ガス**
　　H……**非金属**
　　Li……**金属**

よって大きい順番は **He＞H＞Li** です。

　　　① …… 問1a の【答え】

問1b 電気陰性度とは原子が結合するとき，その結合に関係した電子を引きつける強さの程度を数値で表したものでした。その値が大きいほど，電子対を強く引きつけます。

　　大きい順 ⟹ F, O, N ≒ Cl

でしたね（→59ページ）。
　よって **F** がもっとも大きい元素です。

　　　③ …… 問1b の【答え】

問2 電子親和力が大きい値ほど1価の陰イオンになりやすかったですね「単元1　要点のまとめ②」（→56ページ）。このとき**金属では小さい，非金属では大きい，希ガスは極めて小さい。**

① **正** 電子1個を放出すれば1価の陽イオン，2個を放出すれば2価の陽イオンです。逆に1個を受け取れば1価の陰イオン，2個を受け取れば2価の陰イオンです。

② **正** 気体状態の原子から電子1個を取り去って1価の陽イオンにするのに必要なエネルギーをイオン化エネルギー（または第一イオン化エネルギー）といいました「単元1　要点のまとめ①」（→53ページ）。

③ **正** イオン化エネルギーが小さいほど，1価の陽イオンになりやすいです。

④ **正** 原子が電子1個を取り入れて，1価の陰イオンになるとき放出するエネルギーを電子親和力といいました「単元1　要点のまとめ②」（→56ページ）。

⑤ **誤** 電子親和力が大きいほど1価の陰イオンになりやすいです。ここでは小さいと書いてあるので誤りです。

⑤ …… 問2 の【答え】

問3

- **イオン結合**…金属と非金属の結合
- **共有結合**…非金属どうしの結合
- **金属結合**…金属単体がもつ結合
- **配位結合**…非共有電子対を一方的に貸し与える結合

（67, 71, 73, 75ページの「単元2　要点のまとめ①～④」を参照）

（注意）金属と非金属の区別は66ページの **重要!** のところに書いてあります。原子番号1～20番までの金属元素は7種類。Li, Be, Na, Mg, Al, K, Ca。残りの13種は非金属元素でした。

① 塩化ナトリウム（**NaCl**）… NaとClは金属と非金属の結合なので**イオン結合**です。

② ケイ素（**Si**）… SiとSiは非金属どうしの結合なので**共有結合**です。

③ 塩素（**Cl$_2$**）… ClとClは非金属どうしの結合なので**共有結合**です。

④ 二酸化炭素（**CO$_2$**）… CとOは非金属どうしの結合なので**共有結合**です。

⑤ エチレン（**C$_2$H$_4$**）…CとHは非金属どうしの結合なので，**共有結合**です。

第2講 元素の性質・化学結合

(注意) エチレン(C_2H_4)は、$\begin{matrix}H\\H\end{matrix}\!>\!C\!=\!C\!<\!\begin{matrix}H\\H\end{matrix}$ の構造式で表されます。

① …… 問3 の【答え】

問4

① **正** アンモニウムイオン(NH_4^+)には，**共有結合**と**配位結合**が含まれます。

　配位結合は共有結合の特別な場合であり，できてしまえば，他の共有結合と区別はなかったですね(→「単元2　要点のまとめ④」75ページ参照)。

② **正** エタノール(C_2H_5OH)は C と H と O の非金属元素からできた化合物なので，すべての原子間で**共有結合**です。

③ **正** 塩化ナトリウム(NaCl)は Na と Cl が金属と非金属で結びついているので，**イオン結合**です。

④ **正** ダイヤモンド(C)は C と C が非金属どうしで結びついているので**共有結合**です。

⑤ **誤** ナトリウム(Na)は金属単体なので**金属結合**でできています。Na^+ のまわりを自由電子が取り囲むことによって結合しています。自由電子は1つの Na^+ に拘束されずに自由に動くことができます。ここでは自由に動くことができないと書いてあるので誤りです。

⑤ …… 問4 の【答え】

問5
ここでは電子式がきっちりと書けるかを試す問題です。68〜70ページを参考にしてください。①〜⑤の物質はすべて「非金属どうし」からできているので，「共有結合」で結びついています。

① N_2

　最外殻に水素電子では電子が2個，その他の原子では8個，自分の持ち分になると安定しました。N原子は最外殻に5個あります。

Ⓝ　不安定　　($_7N:K^2L^5$ 最外殻電子は5個)

安定な8個になるためには互いに同じ数の3個ずつを貸し与えます。

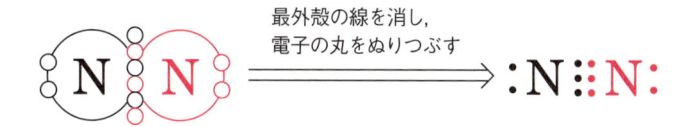

最外殻の線を消し、
電子の丸をぬりつぶす

したがって，共有電子対は3個，非共有電子対は2個です。
これを構造式で書くと N≡N となり，三重結合をもちます。

② Cl_2
Cl原子は最外殻に7個あります。

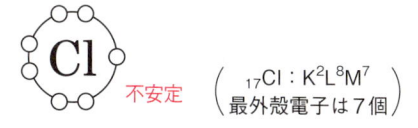

($_{17}Cl : K^2L^8M^7$
最外殻電子は7個)

安定な8個になるためには互いに1個ずつ貸し与えます。

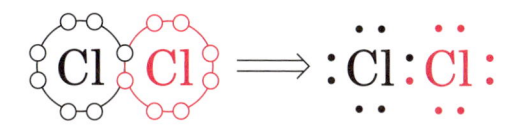

したがって，共有電子対1個，非共有電子対6個です。
構造式は Cl―Cl となります。

③ HF
H原子は最外殻に1個，F原子は7個あります。

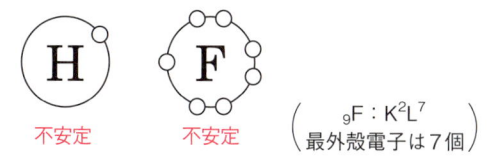

($_9F : K^2L^7$
最外殻電子は7個)

H原子は2個，F原子は8個が自分の持ち分になると安定になります。そのためには互いに同じ数の1個ずつを貸し与えます。

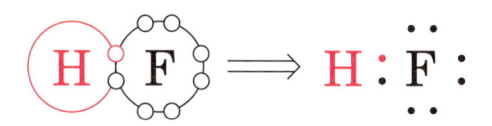

したがって，共有電子対1個，非共有電子対3個です。

④ H_2S

H原子は最外殻に1個，S原子は6個あります。

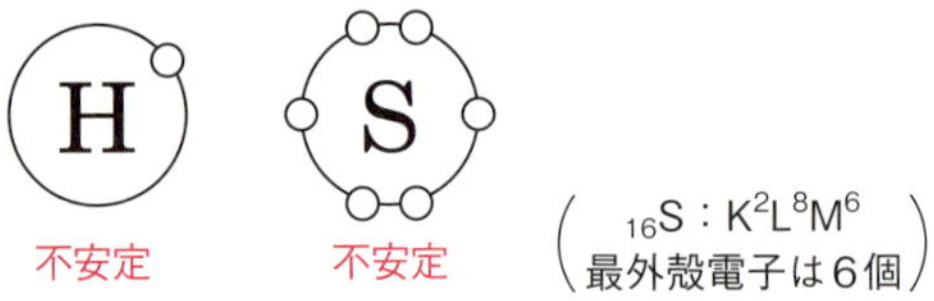
H
S
不安定
不安定
$_{16}S$: $K^2L^8M^6$
最外殻電子は6個

H原子は2個，S原子は8個が自分の持ち分になると安定します。そのために互いに同じ数の1個ずつを貸し与えます。

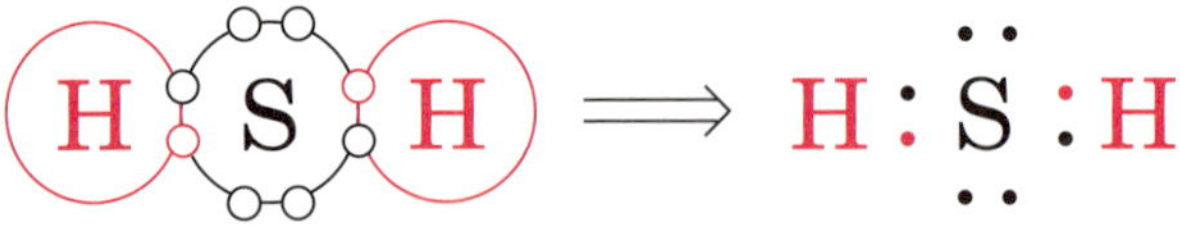
H
S
H
H:S:H

したがって，共有電子対2個，非共有電子対2個です。

⑤ CH_4

H原子は最外殻に1個，C原子は4個あります。

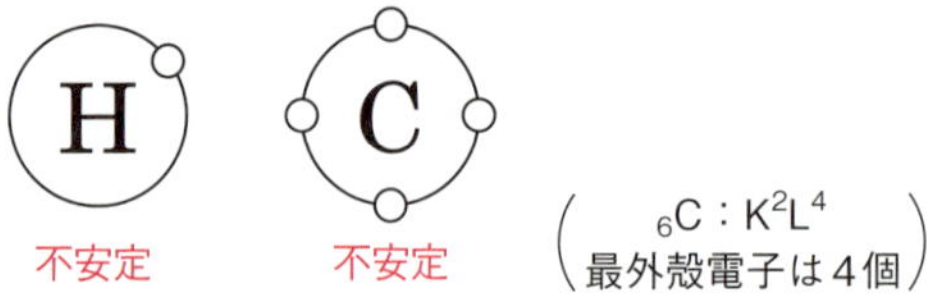
H
C
不安定
不安定
$_6C$: K^2L^4
最外殻電子は4個

H原子は2個，C原子は8個が自分の持ち分になると安定になります。そのためには互いに同じ数の1個ずつを貸し与えます。

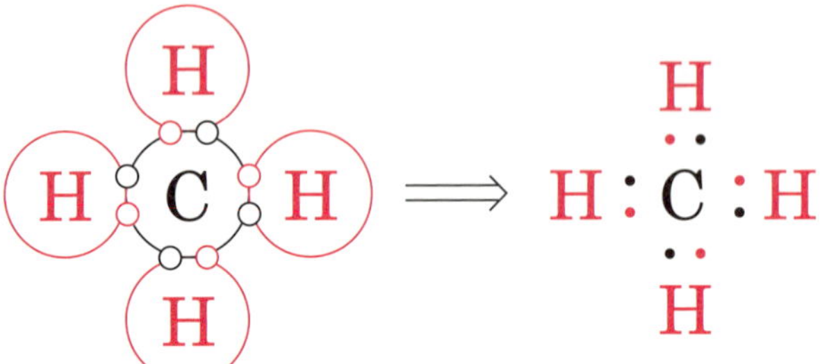
H
H
C
H
H
H
H:C:H
H

したがって，共有電子対4個，非共有電子対0個です。

よって，共有電子対と非共有電子対の数が等しいのはH_2Sです。

④…… 問5 の【答え】

第 3 講

結晶の種類・分子の極性

- **単元1** 結晶とは何か？
- **単元2** 分子の極性
- **単元3** 分子間にはたらく力

第3講のポイント

　こんにちは。今日は第3講「結晶の種類・分子の極性」というところをやってまいります。

　共有結合結晶の物質には4つ（C, Si, SiO_2, SiC）があります。岡野流でスッキリ整理しましょう。

ミョウバン

単元 1 結晶とは何か？

「結晶」とは何か？ 簡単にいって，粒子が規則正しく並んでできた固体のことです。そして結晶には4つの種類があるんですね。

1-1 イオン結晶

まず1つ目，「**イオン結晶**」とはイオン結合によってできる結晶です。ポイントは，

重要！ 金属と非金属の結晶

イオン結合とは，金属と非金属の結合でした。そして今回は**金属と非金属の結晶であれば，すべてイオン結晶と言ってしまって構わないんです**。だから，見分け方は非常に簡単ですね。

例えば$NaCl$。 Na（ナトリウム）は金属，Cl（塩素）は非金属。だから，金属と非金属でイオン結晶です。

$CuSO_4$（硫酸銅）もそうです。Cu（銅）は金属，S（硫黄）は非金属，O（酸素）も非金属ですから，金属と非金属の結晶でイオン結晶。

さらにはCaO（酸化カルシウム）。Ca（カルシウム）は，アルカリ土類金属といわれる金属です。これも金属と非金属ですから，イオン結晶です。

単元 1 結晶とは何か？

- **NH₄Clは例外でイオン結晶**

　ところが，**NH₄Cl（塩化アンモニウム）**だけはちょっと例外です。窒素は非金属，水素は非金属，塩素も非金属ですよね。だから，これは非金属どうしの結合だから，本来ならイオン結合からはずすんだけれども，例外でイオン結合が主なのです（注：個々の窒素と水素の結合だけを見ると，共有結合と配位結合をもつことも事実です（→74ページ））。なぜそうなるのでしょうか？

　図3-1 を見てください。赤く囲んだ部分は陽性が強く，陽イオンになりやすいという意味から，**NH₄⁺は金属の陽イオンとみなしてしまう**んですね。

図3-1

→ NH₄ Cl

NH₄⁺は金属イオンとみなす

実際に金属の陽イオンと非金属の陰イオンという形でプラスとマイナスの引っ張り合い，すなわちクーロン力からできた結晶になっています。

NH₄Clは非金属どうしの結合でも例外でイオン結晶

　入試によく出てきますし，みんな間違えるので，注意しておきましょう。

1-2 イオン結晶の特徴

次に，イオン結晶の特徴をおさえていきましょう。

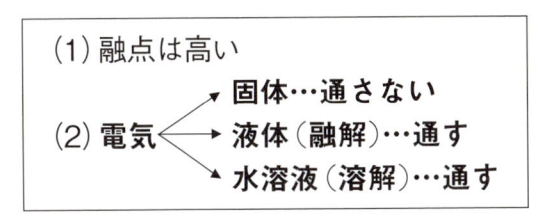

```
(1) 融点は高い
           ┌→ 固体…通さない
(2) 電気 ──→ 液体（融解）…通す
           └→ 水溶液（溶解）…通す
```

固体が熱をもらって液体になるときの温度を「融点」といいます。そこで、(1)「融点は高い」ということですが、それだけではイオン結晶だとは判断できないんですね。だから、これは軽めにおさえておきましょう。

　(2)が大事です。電気を通すか通さないか。「**固体…通さない**」、「**液体（融解）…通す**」、それから「**水溶液（溶解）…通す**」。イオン結晶というのは、固体では電気を通さないけれども、融解または溶解した状態では電気を通すということですね。では、この辺をちょっとイメージしてみましょうか。

　例えば、 連続 図3-2① を見てください。豆電球と電池があって、そして銅板を入れて平行にします。この状態ではまだ電気は通っていません。

　それで、銅板のところにビーカーをもってきて、イオン結晶の物質、例えば塩化ナトリウム（NaCl）を入れて、差し込んでやります 連続 図3-2② 。まずは固体、要するに、白い塩の粒です。そうするとどうなるか？固体のままでは電気は通しません。

イオン結晶が電気を通すとき　連続 図3-2

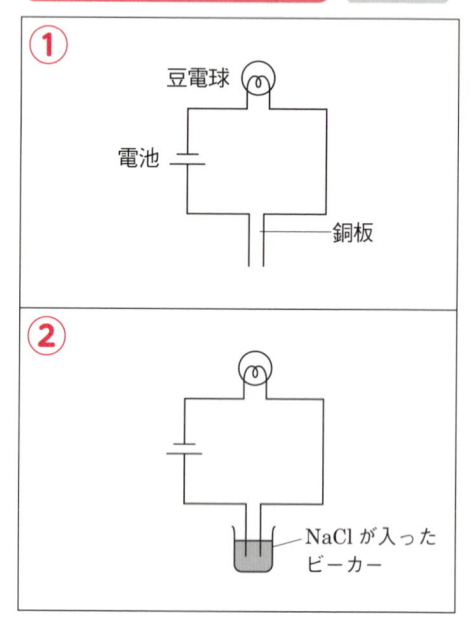

① 豆電球／電池／銅板

② NaClが入ったビーカー

•2つの「とける」

　ところが，これを水溶液（溶解），すなわち食塩水にしましょう。溶解すると電気を通すんです。

　それから，もう1つは「液体（融解）」と書いてある。これはどういうことかといいますと，**日本語では固体が「とける」という意味は2つあるんですよ**。1つは砂糖が「溶ける」。もう1つは氷が「融ける」。意味合いが違うでしょう？　砂糖が溶けるって，普通は水に溶けることを言いますよね。ですから，それを「**溶解**」といいます。それに対して「**融解**」というのは，例えば「氷が融ける」。水の固体である氷が，熱をもらって液体になるということです。

　同様に，塩化ナトリウムの固体が，熱をもらって液体になる。ただこれは，家庭用のガスコンロぐらいの熱ではなかなか融けません。特殊なガスバーナーでやりますと，確かに融けるんです。

　ですから，そうやって融かしたときに，イオン結晶の物質は電気を通すという事実を知っておいてください。

単元 1　要点のまとめ ❶

イオン結晶
イオン結合によってできる結晶のこと（**金属と非金属の結晶**）。
　　例：$NaCl$，NH_4Cl，$CuSO_4$，CaO など
　　特徴：(1) 融点は高い
　　　　　(2) 電気 → 固体…通さない
　　　　　　　　　　　水溶液（溶解）…通す
　　　　　　　　　　　液体（融解）…通す

1-3 共有結合結晶

では2つ目は「**共有結合結晶**」です。はじめて聞かれる方もいらっしゃるでしょう。共有結合結晶とは，原子が共有結合し，立体的に無限に繰り返されてできる結晶です。

見分け方のポイントは，

> **重要!** 非金属どうしの結晶

という点です。金属か非金属かが区別できれば，見てすぐわかりますね。

・結晶で混乱しないために

さて，ここで注意！　のちほどまた詳しくやりますが，3番目の結晶に「**分子結晶**」というのがあります。これは，共有結合でできた分子が分子間力（ファンデルワールス力）によって結びついた結晶です。で，**ポイントが，これもやっぱり非金属どうしの結晶ということなんです！**

ここが一番混乱するところなんですよ。何が混乱するかといいますと，こういうことです。

・イオン結合 ── イオン結晶

・共有結合 ＜ 共有結合結晶（C, Si, SiO_2, SiC）
　　　　　　　 分子結晶

・金属結合 ── 金属結晶

結合の種類って，**主な結合は**全部で**3種類**しかなかったんです。それに対して，**結晶は4種類**。

いいですか？　イオン結合は，金属と非金属の結合。共有結合は，非金属どうしの結合。金属結合は金属単体。それぞれに対して「結晶」という言葉が出てくるんです。ここまではいいんですよ。

　問題は，真ん中の共有結合が二手に分かれるところです。だからわかりにくい。**共有結合からできている非金属どうしの物質というのは，二手に分かれる。1つは「共有結合結晶」，もう1つは「分子結晶」**です。

1-4 共有結合結晶は岡野流で攻略

　それでハッキリいいます。**入試に出る共有結合結晶は，わずか4つしかないのです！**　ですから，これはもう覚えちゃってください。

> ・入試に出る共有結合結晶はこの4つだけ！

　C（ダイヤモンド，黒鉛），**Si**（ケイ素），**SiO₂**（二酸化ケイ素），**SiC**（炭化ケイ素）と，この4つなんですよ。

> **岡野流必須ポイント⑤　共有結合結晶はこの4つ**
>
> C，Si，SiO₂，SiCの4つが共有結合結晶。
> この4つ以外の非金属どうしからできた結晶はすべて分子結晶としてよい。

　これはもう言いきってしまいます。厳密に言うと「いや，共有結合結晶の例は，これもあるぞ，これもあるぞ」となるのですが，**入試であれば，まずこの4つしか出ません**。それ以外は，非金属

どうしであれば，すべて分子結晶だと言ってしまって構いません！

　もう1回，細かくいきますよ。C（ダイヤモンド，黒鉛）です。黒鉛は「**グラファイト**」という名前で出る場合もあります。

　それから，Si（ケイ素），SiO_2（二酸化ケイ素），これらはいいですね。最後，SiC（炭化ケイ素）ですが，外国語名で「**カーボランダム**」という名前もあります。これは特殊な名前なので，知らないと絶対答えられません。

　はい，この4つは覚えてしまいます。

1-5 共有結合結晶の特徴

特徴にいきますよ。

> (1) 融点は非常に高い
> (2) 電気は（黒鉛を除いて）通さない

(1)「融点は非常に高い」。これはポイントです。

　ダイヤモンドを例にとりますと，融点は3500℃前後です。3500℃って，想像がつかないくらい，すごく高い温度ですね。だから「非常に」とかの形容詞がついてきます。

　それから(2)の「電気は通さない」。ただ例外として，黒鉛だけは電気を通します。いいですね。

　では，共有結合結晶についてまとめておきましょう。

単元1 結晶とは何か？　95

単元1 要点のまとめ❷

共有結合結晶

原子が共有結合し，立体的に無限に繰り返されてできる結晶（**非金属どうしの結晶**）。

　例：**C**（ダイヤモンド，黒鉛），**Si**（ケイ素）
　　　SiO₂（二酸化ケイ素），**SiC**（炭化ケイ素）
　　　数は少ないので，この4つは覚えること。

　特徴：(1) 融点は非常に高い
　　　　(2) 電気は（黒鉛を除いて）通さない

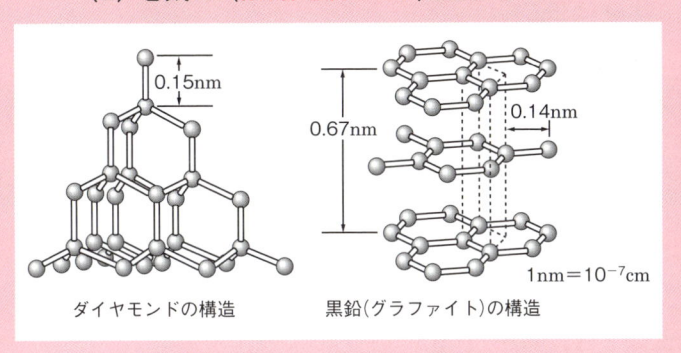

ダイヤモンドの構造　　黒鉛（グラファイト）の構造
0.15nm　　0.67nm　0.14nm　1nm=10⁻⁷cm

1-6 分子結晶

　では，3つ目，「**分子結晶**」にいきます。第3講 1-3, 1-4 で説明したように，**C，Si，SiO₂，SiC以外の非金属どうしの結晶は，すべて分子結晶です。**

　例を見てみましょう。例えば H_2O（水）ですが，この場合は結晶だから氷のことです。それから CO_2（ドライアイス），I_2（ヨウ素）などです。

その他にも有機化合物というものが該当しますが，これは無数にあります。無数にあるものをたくさん覚えたって，そんなの意味がない。だから4つしかない共有結合結晶のほうをがっちり覚えて，残りは全部分子結晶というふうに考えるとわかりやすいですね。

1-7 分子結晶の特徴

それから特徴へいきます。

> (1) 融点は低い
> (2) 電気は通さない
> (3) **昇華性**を示すものがある（気体 ⇌ 固体）

特に，(3)の「昇華性を示すものがある」という点はおさえておきましょう。「**昇華性**」という言葉は大切です。

重要❗ 昇華性

これはどういう性質なんでしょう？ 普通，固体が気体になる場合，間に液体を通るんですよ。固体が液体になって，それから気体になる。でも分子結晶の中には，液体を通らないで変化するものがあり，その状態変化を「昇華」といいます。ドライアイス（CO_2）やヨウ素（I_2）が昇華性を示します。固体から気体，または気体から固体，どちらの変化も昇華というんです。

単元 1 要点のまとめ ❸

分子結晶

共有結合でできた分子が**分子間力（ファンデルワールス力）**によって結びついた結晶。（**非金属どうしの結晶**）

例：H_2O, CO_2, I_2, 有機化合物（無数にある）

特徴：(1) 融点は低い

(2) 電気は通さない

(3) **昇華性**を示すものがある（気体 ⇄ 固体）

1-8 金属結晶

最後，「**金属結晶**」です。金属結晶とは，金属陽イオンと自由電子によってできる結晶です。金属結合の「結合」が「結晶」という言葉に変わっただけです。**ポイントは「金属単体」，これが見分け方**。よろしいですね？

例としては金属単体ですから，鉄（Fe），ナトリウム（Na），水銀（Hg）など，いろんなものがあります。

1-9 金属結晶の特徴

特徴，いきますよ。

(1) 融点は高いものから低いものまである
(2) 電気，熱はよく導く
(3) **展性，延性**を示す

(1)の「融点は高いもの」ですが，鉄の1535℃っていう温度から，「低いもの」だと水銀のように−38℃くらいのものもある。水銀は常温で，もう融けて液体状態になっているんですね。

　それから(2)の「**電気，熱はよく導く**」と(3)の「**展性，延性を示す**」，これらは両方とも大事な特徴です。

　世間にはいろいろと「運び屋さん」っていますが，ここでは自由電子が電気も熱も運び，よく導くのです。

　そして，「**展性**」というのは，**簡単に言って「広がる」ということです**。例えば金箔ってありますよね。大昔のCMにあったんですが，$1cm^3$の金をおじいさんとおばあさんがこん棒みたいなものをもって，ボコンボコンと引っぱたくんです。で，$1cm^3$の金が，何と，6畳分まで広がるんです！

　何の宣伝だったかわからないんだけど，僕はその広がることだけを覚えているんですよね（笑）。つまり，これは展性です。

　では，「**延性**」というのは何か？　例えば，エナメル線とか銅線とかを機械の力でグーッと引っ張ると，**均一の線状になって，どんどん延びていきます**。それを延性と言っているんです。ここで「展性，延性」は，セットで理解してください。

　これらが金属結晶の特徴です。

1-10 分子結晶と共有結合結晶

　では，最後にとどめをさします。「分子結晶」と「共有結合結晶」の違いをもっと簡単に，構造的に見てみましょう。

● 共有結合結晶（ダイヤモンド）

　では，まず，「共有結合結晶」の「ダイヤモンド」です。正式なものは「単元1　要点のまとめ②」（→95ページ）に，正四面体構造でたくさん重なったものが書いてあります。ところが，もう少しわかりやすく書くと，炭素があって，手が4本出ています 連続 図3-3①。

　その炭素の4本の手は，全部使われて次の炭素とつながり，そしてまた次の炭素へと手を出して，どんどんつながっていくわけです 連続 図3-3②。

　炭素と炭素って非金属どうしだから，共有結合ですね 連続 図3-3③。このように，共有結合結晶は，立体的に無限に繰り返されてできる結晶ですが，これを一言で「巨大分子」ともいいます。以上が，共有結合結晶であるダイヤモンドの構造です。

| ダイヤモンドの構造 | 連続 図3-3 |

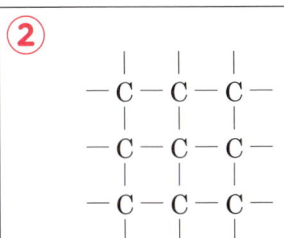

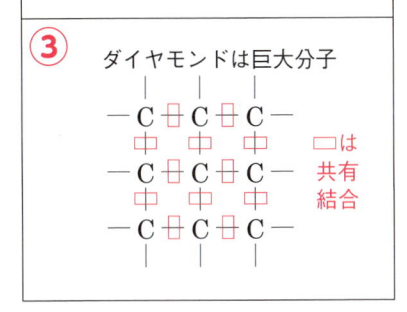

① 炭素　－C－　手が4本

② －C－C－C－
　 －C－C－C－
　 －C－C－C－

③ ダイヤモンドは巨大分子
　 －C中C中C－
　 －C中C中C－ □は共有結合
　 －C中C中C－

● 分子結晶（ヨウ素）

　それに対して，「分子結晶」はどのようになっているのか？

　例として，ヨウ素（I_2）を見てみます。まずヨウ素は17族の元素でハロゲン，すなわち非金属元素です。ということは，非金属と非金属の結合ですから，これも共有結合になります。

　そして17族ですから，最外殻電子が7個入っています。はい，

ここで第2講を思い出してください。7個の電子が入っているときに、安定になろうとしてお互いに1個ずつ電子を貸し与えるという、例の共有結合です。

そうするとIとIで結合ができるんですよ　連続 図3-4①。ヨウ素とヨウ素は確かに共有結合が起こっています。**だけど悲しいかな、不対電子がもうあまっていないため、その隣のヨウ素とまた共有結合されて、さらにまた隣のヨウ素と共有結合……ということにはならないんです。**I_2は、原子2つが結びついたらそれまでで、炭素のように、次々に共有結合が広がってはいきません。

・分子間力

ヨウ素はIとIで分子をつくり、それぞれが　連続 図3-4②　のようにお互いに引っ張り合って結びつくんですね。こういう分子と分子の引っ張り合う力を「**分子間力**」、または「**ファンデルワールス力**」といいます。これは万有引力とは違いますが、似たような力です。大変弱い力で引っ張り合っている。

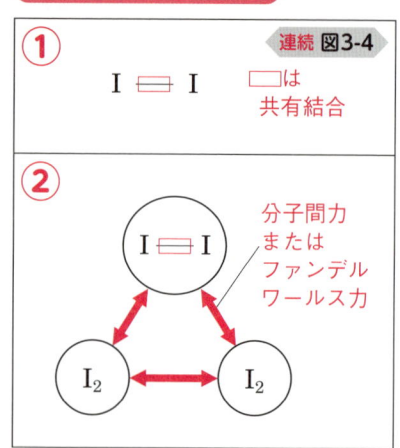

だからダイヤモンドのように、炭素の共有結合が次々につながっていくという強い結合とは違うんですよ。共有結合結晶と分子結晶では全然違う性質を示すということですね。

文章を読むだけでは、なかなかこの辺はわからない。イメージとしてここで理解していただくと、「あ、そういうことか！」とおわかりいただけるでしょう。

それでは、演習問題にいきましょう。

演習問題で力をつける ❹
分子結晶と共有結合結晶の違いがポイント！

問 結晶は粒子間の結合の仕方で4種類に大別される。

① イオン結晶　② 共有結合結晶
③ 分子結晶　　④ 金属結晶

下のA群には，それぞれの結晶を構成する粒子の種類が，B群にはその粒子間を結び付けている結合力の種類が，C群には4種類の結晶の特徴的な性質が，D群には各種の結晶の実例が示してある。各群より上の①〜④に対応するものを選んで，記号を答えよ。ただしD群よりは2個ずつ選べ。

A群　(ア)　原子　　　　　　　(イ)　分子
　　　(ウ)　陽イオンと電子　　(エ)　陽イオンと陰イオン
B群　(オ)　自由電子による結合　(カ)　静電気的な引力
　　　(キ)　電子対の共有による結合
　　　(ク)　ファンデルワールス力
C群　(ケ)　極めて硬く，融点も高い。
　　　(コ)　展・延性を有し，電気伝導性がよい。
　　　(サ)　電気伝導性はないが，水溶液や融解状態では電気を伝導する。
　　　(シ)　一般に軟らかく，融点が低い。昇華性を示すものもある。
D群　(a)　ヨウ素　　　　(b)　塩化鉄(Ⅲ)
　　　(c)　ナトリウム　　(d)　臭化カリウム
　　　(e)　クロム　　　　(f)　炭化ケイ素
　　　(g)　ドライアイス　(h)　ダイヤモンド

第3講 結晶の種類・分子の極性

さて、解いてみましょう。

では、問題を解いていきます。

岡野のこう解く まず、最初にD群の物質を、化学式で書いてみましょう。

(a) I_2　　(b) $FeCl_3$　　(c) Na　　(d) KBr
(e) Cr　　(f) SiC　　(g) CO_2　　(h) C

D群(a)のヨウ素は、I_2ですね。これは第2講でも言ったように、非金属どうしの結合である共有結合からできているものは、もう丸暗記していくしかないんですね。ですから共有結合からできている物質は個々に出てくるたびに覚えていきましょう。

次の(b)塩化鉄(Ⅲ)は$FeCl_3$になるんですが、**そのⅢの意味は何なのでしょう？　これは金属イオンの価数を表しています。**

ところで金属イオンというのは、かならずプラスイオンなんです。金属にマイナスイオンは絶対ありません！　ですから、(Ⅲ)とか(Ⅱ)とか(Ⅰ)とかって書いてありますが、今回の場合は鉄(Ⅲ)イオンなのでFe^{3+}であると考えていただければいいわけです。

さらに塩化物ですから塩化物イオンCl^-、これが3つでちょうどプラスとマイナスが3つずつでつり合い、$FeCl_3$というのが塩化鉄(Ⅲ)の式になるわけですね　図3-5 。

図3-5

$$FeCl_3 \begin{pmatrix} & & Cl^- \\ & Fe^{3+} & Cl^- \\ & & Cl^- \end{pmatrix}$$

で、(c)ナトリウムは単体で、Naですね。それから(d)は臭化カリウム。これはカリウムイオン(K^+)と臭化物イオン(Br^-)が結びついてKBrです。(e)クロムはCr。(f)炭化ケイ素はさきほどやりました共有結合結晶の代表例でSiC。それから(g)ドライアイスは、二酸化炭素の固体でCO_2。(h)ダイヤモンドはCですね。

イオン結晶の特徴を思い出そう！

ということで「①イオン結晶」に関することを選んでいきましょう。そうすると、A群は結晶を構成する粒子の種類を見ます。イオン結晶の場合は、陽イオンと陰イオンのクーロン力で結びつく粒子ですか

ら，A群「**(エ)陽イオンと陰イオン**」を選びます。

それからB群ですが，イオン結晶の結合力はクーロン力。クーロン力というのは「**静電気的な引力**」であり，**(カ)**が入ってきます。

で，C群の性質のところは，「**(サ)電気伝導性はないが，水溶液や融解状態では電気を伝導する**」ということになります。さて，それで，最後D群からは，**金属と非金属**からできているもの（イオン結晶の特徴）を選びます。

(b) は鉄（金属），塩素（非金属）。それから**(d)** がカリウム（金属）と臭素（非金属）です。

　　　　（エ）―（カ）―（サ）―（b），（d）……①の【**答え**】

▌共有結合結晶の特徴は？

はい，じゃあ次，「②共有結合結晶」です。これは粒子は原子なんですよ。思い出してください。だからA群は「**(ア)原子**」。

B群は「**(キ)電子対の共有による結合**」ですよね。ここで，分子結晶でも同じことが言えるんじゃないかって思われるかもしれませんが，分子結晶の場合は「**(ク)ファンデルワールス力**」という言葉が入っていますので，ここでは（キ）が選ばれることがおわかりになると思います。

そして，C群。**極めて硬く，融点も高いから**，（ケ）が入ってくる。

> ▶**岡野の着目ポイント**　実例としてさきほど挙げたもののうち，D群に入っているのは**(f)**「**炭化ケイ素**」と**(h)**「**ダイヤモンド**」。入試では，これに**Si（ケイ素）**と**SiO₂（二酸化ケイ素）**を加えた4つしか問われませんので，それを覚えておけば，まず大丈夫です。

　　　　（ア）―（キ）―（ケ）―（f），（h）……②の【**答え**】

▌分子結晶の特徴は……

では，「③分子結晶」にいきます。これは分子と分子の分子間力によるものですね。よって，A群は（イ）です。それからB群は「**ファンデルワールス力**」の（ク）。C群は「**昇華性**」という言葉が入っている（シ）を選べばいい。あとは非金属どうしの結合ですから，**共有結合結晶**

以外の非金属どうしのものといったら（a）「ヨウ素」とそれから（g）「ドライアイス（二酸化炭素）」ですね。

（イ）―（ク）―（シ）―（a），（g） …… ③の【答え】

金属結晶の特徴はコレだ！

　あとは残りを選べばいいわけですが，確認のためにもきちんとおさえていきましょう。「④**金属結晶**」を構成する粒子は「**（ウ）陽イオンと電子**」。

　アドバイス ここで，自由電子と入れておくとすぐわかってしまうので，あえて「自由」という言葉が抜かれています。

　B群は「**（オ）自由電子による結合**」です。それからC群，「**展性，延性**」というところ，（コ）が金属結晶の特徴ですね。で最後，**金属単体**をD群より選ぶと，（c）「ナトリウム」と（e）「クロム」ですね。

（ウ）―（オ）―（コ）―（c），（e） …… ④の【答え】

　そういうことで解答ができあがります。この辺は，はじめてやると，意外とポイントがおさえきれないところです。**でも要するに，分子結晶と共有結合結晶の違いがはっきりわかれば，スンナリと解けます。**もう一度復習しておくといいでしょう。

単元 2 分子の極性

つづけて,「分子の極性」というところをやっていきます。いったい「極性」とは何か? まずは, ちょっと読んでみましょう。

単元 2 要点のまとめ ❶

極性

電気陰性度の異なる原子が共有結合すると,**電気陰性度の大きい原子のほうが小さい原子より共有電子対をより強く引きつけるため,原子間に電荷のかたよりが生じる。**このような電荷のかたよりを極性という。

「電気陰性度」で覚えていただくのは,**大きい順番**。**F, O, N, ≒ Cl**,「ホンとに来るよ 合格通知」と覚えるんでしたね。

はい, とにかく「**極性って何?**」といわれた場合,「**電荷のかたより**」と答えればいい。これが一番わかりやすいでしょう。

2-1 極性分子

そして, 分子全体として電荷のかたよりをもつ分子を「**極性分子**」といいますが, 入試に出る代表例を3つおさえておきましょう。

単元 2　要点のまとめ ❷

極性分子

分子全体として電荷のかたよりをもつ分子を**極性分子**という。

例：　H_2O　　　　　NH_3　　　　　HCl

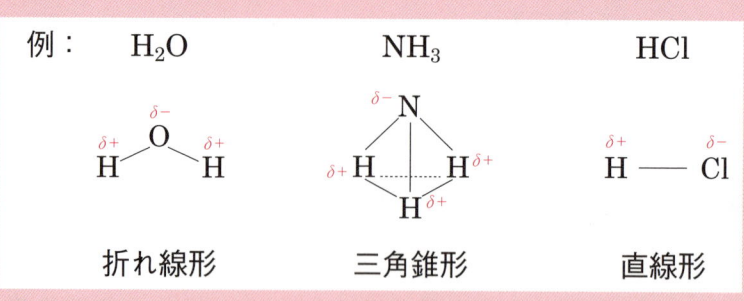

$$H^{\delta+} - O^{\delta-} - H^{\delta+}$$ 折れ線形

$$N^{\delta-}, H^{\delta+}, H^{\delta+}, H^{\delta+}$$ 三角錐形

$$H^{\delta+} - Cl^{\delta-}$$ 直線形

重要なのは，H_2O，NH_3，HCl，この3つです。

・H_2O は折れ線形

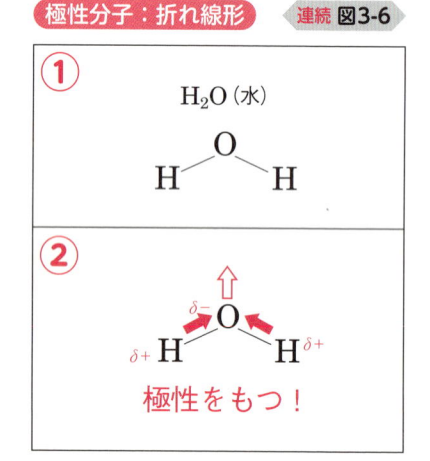

極性を理解するためには，水分子の構造を知っておかなければなりません。構造式で書きますと，水分子というのは 連続 図3-6① のように，「**折れ線形**」という形になっています。

そこで，さきほど電気陰性度のことを言いましたが，「F，O，N，Cl」の4つは，電子を自分の側に引っ張り込む力がやたらに強いんです。酸素と水素の間には電子対がありますからね。その電子が，酸素に強く引っ張られるわけです。

極性分子：折れ線形　連続 図3-6

① H_2O（水）

H — O — H

② $H^{\delta+}$ — $O^{\delta-}$ — $H^{\delta+}$

極性をもつ！

そうすると，どういうことになるか？　両側から「せーの」で，同じ力で押すと，酸素は 連続 図3-6② のように，上に上がっていってしまいますね。**これが極性（電荷のかたより）をもつ理由です。**

・δは「ごくごく小さな」

　そして「単元2　要点のまとめ②」や 連続 図3-6② を見ると，「デルタマイナス（δ−）」とかって書いてあるでしょう。**δ は，「ごくごく小さな」**という意味です。

　だから，H_2O の場合，電子が近寄ることによって，O はマイナスの電荷を帯びてくる（$O^{δ-}$）。逆に H はマイナスが遠ざかったから，「デルタプラス（δ+）」といって，プラスの電荷を帯びてくる（$H^{δ+}$）。

　つまりここには，ごくごく小さなプラスとマイナスの電荷のかたよりを生じる。ですから極性分子です。

・CO_2 は直線形

　比較してもらうために，無極性分子の二酸化炭素をちょっと見てみます。CO_2 を構造式で見ると， 連続 図3-7① のようになっており，**「直線形」**です。この場合は，電気陰性度の強い O が， 連続 図3-7② のように電子を引っ張ります。

無極性分子：直線形　　連続 図3-7

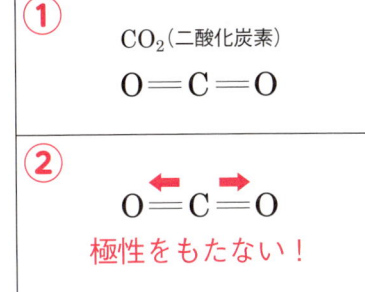

① CO_2（二酸化炭素）
$$O=C=O$$

② $O=C=O$
極性をもたない！

　これは，わかりやすいですよね。同じ力で両端の酸素が電子をぐっと引っ張ると，力がつり合うから動かないんですよ。
　こういう場合は無極性，すなわち電荷にかたよりが生じません。

・NH₃は三角錐形

アンモニア（NH₃）の場合はどうなるか，ちょっと見てみましょう。

アンモニアの場合は，連続 図3-8①のように「**三角錐形**」になります。Nは電気陰性度が大きいですから，電子を強く自分の側に引っ張り込みます。そうすると当然，連続 図3-8②のように，マイナスの電荷が窒素に近づいたから，ここは$\delta-$（$N^{\delta-}$）となります。それに対し水素はそれぞれ$\delta+$（$H^{\delta+}$）となり，プラスの電荷を帯びてくる。

極性分子：三角錐形　連続 図3-8

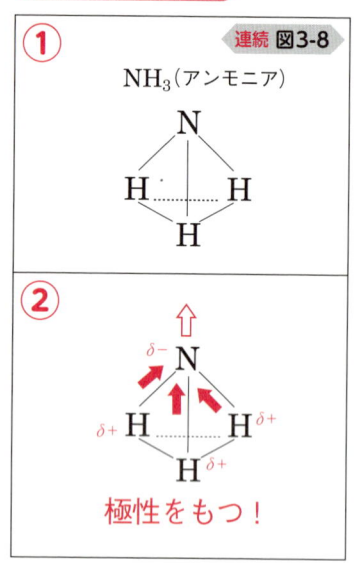

① NH₃（アンモニア）

② 極性をもつ！

ここでは「**三角錐形**」という形を覚えてくださいね。よく聞かれてきますよ。

・HClは直線形

HCl（塩化水素）は，一番簡単です。HとClの2点しかないから「**直線形**」になります 連続 図3-9①。電子がCl側に引っ張られて，それぞれ$Cl^{\delta-}$，$H^{\delta+}$となります 連続 図3-9②。これも電荷にかたよりを生じているんですね。

最も簡単な直線形　連続 図3-9

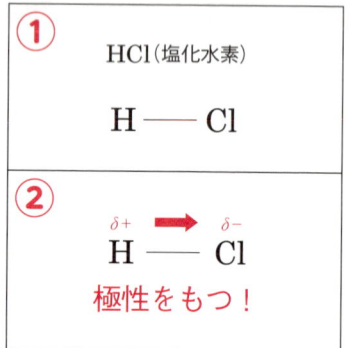

① HCl（塩化水素）

H —— Cl

② H —— Cl
極性をもつ！

以上，極性分子の代表例は，**H₂O**，**NH₃**，**HCl**でした。極性をもつ理由と，それぞれの形をしっかりおさえてください。

2-2 無極性分子

つづけて,「**無極性分子**」を見ていきます。とりあえず, まとめておきますね。

> **単元 2　要点のまとめ ❸**
>
> **無極性分子**
> (a) 電気陰性度の差が0のもの（**単体**）
>   例：H_2, Cl_2, O_2
> (b) 各原子間ではかたよりがあるが**互いに打ち消し合い, 分子全体としては無極性になるもの。**
>
> 　例：　　CO_2　　　　　CH_4　　　　　CCl_4
>
> 　　　　$O=C=O$
>
> 　　　　直線形　　　　正四面体形　　　正四面体形

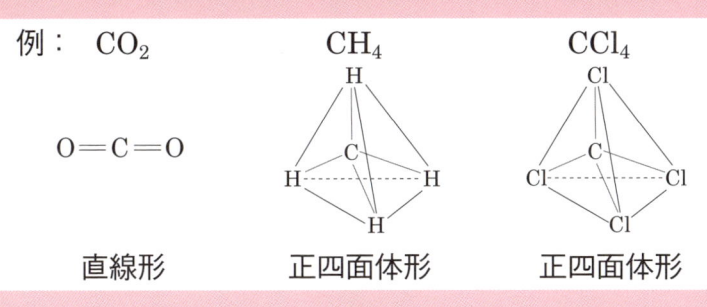

重要なのは, CO_2, CH_4, CCl_4, この3つです。

- **電気陰性度の差がゼロ**

まず,（a）「電気陰性度の差が0（ゼロ）のもの」とあります。これは, 要するに「**単体**」のことを言っています。

単体というのは, 例えばCl_2。共有結合でClとClがお互いに電子を引っ張り合っています。反対方向に同じ力で引っ張り合っているから, つり合っています 図3-10 。もう1つ, ゼロっていうのが気になる。「ゼロ」って何か？

電気陰性度の値を見ると，Clは3.16なんです。別にこんな数字を覚える必要はありませんが，この場合はあえていうと，同じ原子どうしの力だから，3.16から3.16を引いてゼロということです。そうすると，ゼロのものは極性をもたない，つまり無極性になります。

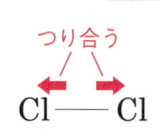

一方，HとCl，この場合はどうなるか？　それぞれの電気陰性度はHが2.20で，Clは3.16，その差は0.96という値になります。**この差が大きければ大きいほど極性は強いというわけです。**

・かたよりを互いに打ち消し合うもの

今度は，(b)のほうへいきますね。二酸化炭素（**CO_2**）の話です。CとOというこの原子間では，Oのほうが引っ張る力が強いんだから，極性はあるはずです。だけどその力が**互いに打ち消し合い，分子全体としては無極性になります。**　第3講 **2-1**（→105ページ）で説明したとおりです。**他にもCH_4（メタン）とCCl_4（四塩化炭素）も無極性分子で，この2つは「正四面体形」です。**

・CH_4（メタン）の場合

CH_4（メタン）は 連続 図3-11① のようになります。

構成元素は，CとHです。電気陰性度の値がCが2.55，Hが2.20だから，Cのほうが引っ張ります 連続 図3-11② 。

ところが，**正四面体の中心にCがあり，この場合には，空間**

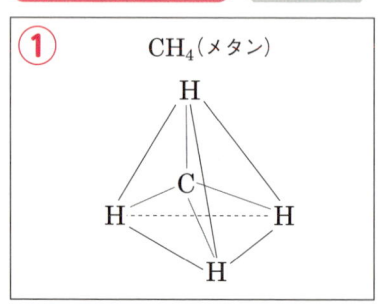

単元 2 分子の極性　111

ベクトルの合成で力が互いに打ち消し合い，ゼロになります。つまり，分子全体としては力が働いていないのと同じ状態です。

だから無極性分子になるんですね。

連続 図3-11 の続き

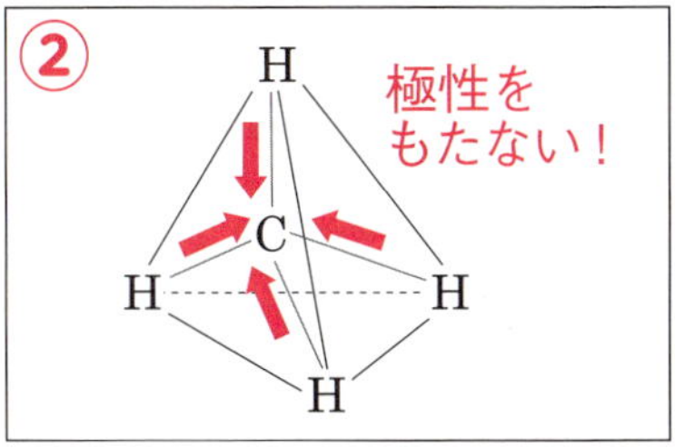

② 極性をもたない！

• CCl_4（四塩化炭素）の場合

CCl_4（四塩化炭素）の場合は，Clが非常に強い力で電子を引っ張ります 図3-12 。

この場合も，**正四面体構造の場合には，引っ張ろうが押そうが，結局は空間ベクトルの合成で力はゼロになる**，という事実を知っておいてください。

正四面体形の例　図3-12
CCl_4（四塩化炭素）
極性をもたない！

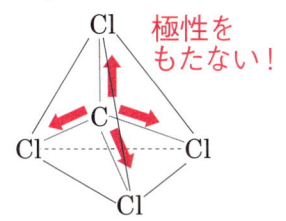

• 三角錐形と正四面体形の違い

ここでちょっと補足しておきます。 2-1 で説明した三角錐形（→106ページ）と，今説明した正四面体形，「これって，結局，同じじゃないか！」と思われる方がいらっしゃるかもしれません。

でも，それは違うんですね。 図3-13 を見てください。

図3-13

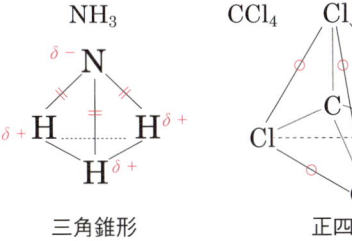

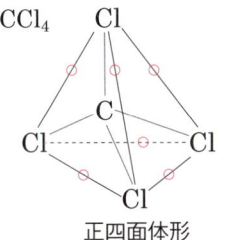

NH_3
三角錐形

CCl_4
正四面体形

NH_3 の三角錐は**二等辺三角形**が3つあるのに対し，CCl_4 の正四面体というのは，どこの三角形もすべて**正三角形**なんですね。そこの違いがありますので，区別して覚えておいてください。

2-3 極性分子の応用

極性分子と無極性分子について，それぞれご理解いただけたかと思いますが，これですべてではありません。あとの例は応用をきかせてつくれるようにしましょう。

・同族元素で置きかえる

応用のポイントは，

同族元素で置きかえても構造は同じ

ということです。

例えば，連続 図3-14① を見てください。極性分子の H_2O です。

はい，酸素の同族元素って何でしょう？ 周期表を見ると，酸素は16族であり，同族元素には硫黄などがあります。そこでこの硫黄を，酸素のかわりに置きかえてみる 連続 図3-14②。

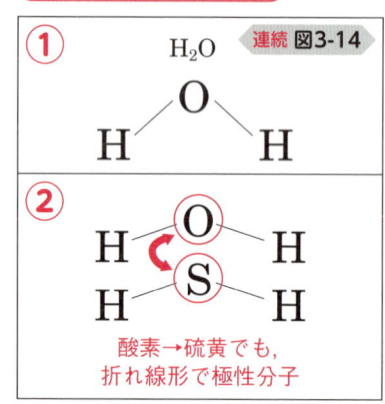

そうすると，これは硫化水素 (H_2S) といって，**H_2O 同様，折れ線形で極性分子**になります。

おわかりいただけましたか？

[図3-14 酸素を硫黄に置きかえる
① H_2O：H－O－H の折れ線形
② O を S に置きかえ：H－S－H
酸素→硫黄でも，折れ線形で極性分子]

単元 2 分子の極性

• 脈絡なく出題されるもの

　もう1つ，これは構造が難しいのですが，脈絡なくピョコンと出題されるので紹介しておきます。

　SO_2（二酸化硫黄）です。実はこれは，配位結合（→74ページ）が関係しているので，構造はちょっと難しいんですよ 図3-15。図の矢印が，配位結合を表します。二重結合したOと，もう1つ配位結合を含んだOがありまして，今までのものとは全然違うんですね。だけど，これもやっぱり**折れ線形で極性分子**です。

図3-15
SO_2（二酸化硫黄）
二重結合　　配位結合
O＝S→O
折れ線形で極性分子

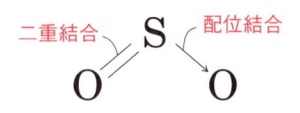

　はい，極性分子，今日やったものは，**H_2O**，**NH_3**，**HCl**，さらにはH_2OのOを同族元素Sにかえた**H_2S**。ちょっと気になるんで，**SO_2**も出しておきました。

単元 2　要点のまとめ ❹

極性分子（＋αでおさえよう！）

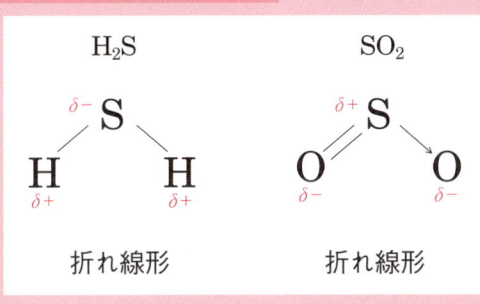

H_2S
　　S (δ−)
　／　＼
H　　　H
(δ+)　(δ+)
折れ線形

SO_2
　　S (δ+)
　／　＼
O　　→O
(δ−)　(δ−)
折れ線形

113

2-4 無極性分子の応用

　無極性分子にも，同族元素で置きかえて考えることができるものがあります。

　連続 図3-16① を見てください。

　これはCH_4（メタン）です。この炭素原子を同族元素で置きかえます。さて，炭素の同族元素にはどんなものがありました？　例えばケイ素（Si）です。ケイ素に置きかえても，同じように**正四面体形で無極性です**　連続 図3-16②。ちなみにこの物質の名前は「シラン」といいます。

　同族元素で置きかえると，大変似た性質が出てくるわけです。

炭素をケイ素に置きかえる　連続 図3-16

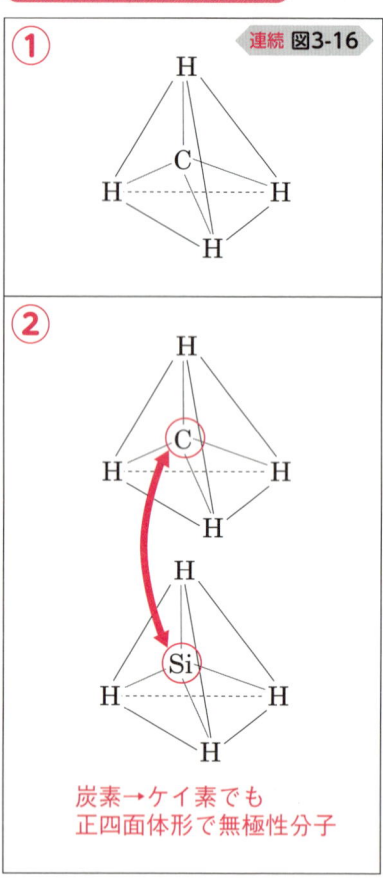

①

②

炭素→ケイ素でも
正四面体形で無極性分子

単元 3 分子間にはたらく力

今度は分子間にはたらく力について見ていきましょう。

3-1 水素結合

「**水素結合**」は分子間にはたらく力の代表的なものです。意味は次のようになります。

> 電気陰性度が非常に大きいF，O，N原子に直接結合し，正に帯電した水素原子と，他の分子または分子内の負に帯電したF，O，N原子間に働く結合力を水素結合という。

これだけではイメージがつかめないでしょう。大丈夫，ひとつひとつおさえていきますよ。

まずは，以下のことがポイントになります。**水素結合は分子間力（ファンデルワールス力）より強い結合力なので，水素結合がはたらく分子からなる物質の沸点や融点は，はたらかない場合に比べて特異的に高くなる**，ということです。

• 水素結合をもつもの

水素結合をもつのは，電気陰性度の大きい次の元素3つです。**F，O，Nと水素との化合物は水素結合をもつ**，という事実を知っておいてください。

第3講 結晶の種類・分子の極性

重要! F, O, N, Cl
ホ ン とに来るよ合格通知
(HF, H₂O, NH₃ は水素結合をもつ)

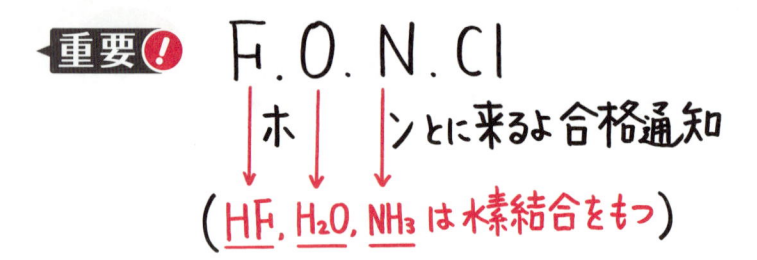

ここでHClでは水素結合はもちません。 HClは，一応極性分子だし，原子間で引っ張り合っているんだけれども，水素結合と言われるまでの力にはならないのです。

3-2 水素結合のイメージ

・HFの例

では例を見ていきましょう。**HF（フッ化水素）**です。そうすると，このH—FのFが電子を引っ張り，$\delta+$，$\delta-$という極性を生じます 連続 図3-17①。

水素結合もクーロン力 連続 図3-17

① $\overset{\delta+}{H} \rightarrow \overset{\delta-}{F}$ $\overset{\delta+}{H} \rightarrow \overset{\delta-}{F}$ $\overset{\delta+}{H} \rightarrow \overset{\delta-}{F}$
Fが電子を引っ張ると極性を生じる

② $\overset{\delta+}{H} \rightarrow \overset{\delta-}{F}\cdots\overset{\delta+}{H} \rightarrow \overset{\delta-}{F}\cdots\overset{\delta+}{H} \rightarrow \overset{\delta-}{F}$
水素結合

これによって，できあがってくるのが，いわゆるプラスとマイナスのクーロン力であり，**このクーロン力を特に水素結合といいます** 連続 図3-17②。

覚えていますか？ プラスとマイナスの**強いクーロン力による結合を，イオン結合**といいましたね（→65ページ）。金属の陽イオンと非金属の陰イオンで，イオン結合です。それに比べて水素

単元 3 分子間にはたらく力　117

結合は，同じプラスとマイナスの引っ張り合いでも，ずっと弱いんですよ。

・H₂Oの例

水の場合も同様です。酸素原子が電子を引っ張っていますね。だからこのOは，δ－となり，Hはδ＋になります 連続 図3-18①。

そうすると 連続 図3-18② のように，プラスとマイナスの弱い結合ができる。

で，この力を水素結合というわけです。イメージがつかめましたか？

プラスとマイナスの弱い結合　連続 図3-18

① H→O H→O H→O （Oが電子を引っ張る）

② H→O H→O H→O （水素結合）

・水素結合と沸点の関係

次に，図3-19 のグラフをちょっと見てください。14～17族の水素化物の沸点を示したグラフです。水素結合をもつ**H₂O, HF, NH₃**の沸点が，極端にグンとはね上がってるでしょう。そこがよく出題されるんですよ。

例えば，グラフの一番上の点線，16族の元素に注目してみます。横軸は第2，第3，第4，第5周期ということですから，分子量が一番大きいのはH₂Te，次はH₂Se，それからH₂S，H₂Oの順ですね。

そうすると，第2周期のものが一番分子量が小さいから，本来ならH₂Oが沸点は一番低くならないといけない。ところが，実

際は極端に上にのびている。なぜか？ これはいわゆる水素結合をもっているからなんですよ。

H₂O，HF，NH₃の3つが水素結合をもつため，特異的に沸点が高い。 14族の元素は，$CH_4 \rightarrow SiH_4 \rightarrow GeH_4 \rightarrow SnH_4$ と，分子量に応じて沸点が大きくなります。つまり，**F，O，N，電気陰性度の大きい3つの元素が水素結合をもつ**ということを，グラフは教えてくれているわけです。

図3-19

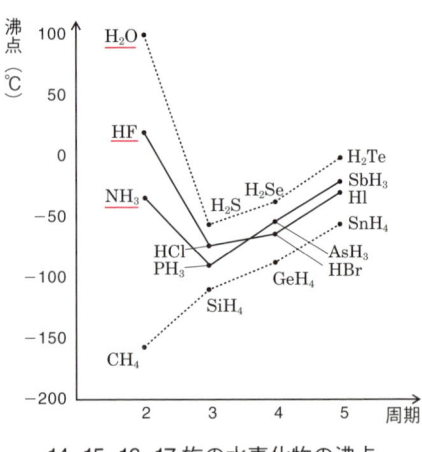

14, 15, 16, 17族の水素化物の沸点

単元 3　要点のまとめ ❶

水素結合

電気陰性度が非常に大きい**F，O，N**原子に直接結合し，正に帯電した水素原子と，他の分子または分子内の負に帯電した**F，O，N**原子間にはたらく結合力を**水素結合**という。**水素結合は一般の分子間力より強い結合力なので，水素結合がはたらく分子からなる物質の沸点や融点は，はたらかない場合に比べて特異的に高くなる。**

今回は4種類の結晶と，分子の極性についてお話ししました。

では，また次回お会いいたしましょう。なお，確認問題を用意しましたので，どうぞチャレンジしてみて下さい。

確認問題にチャレンジ！

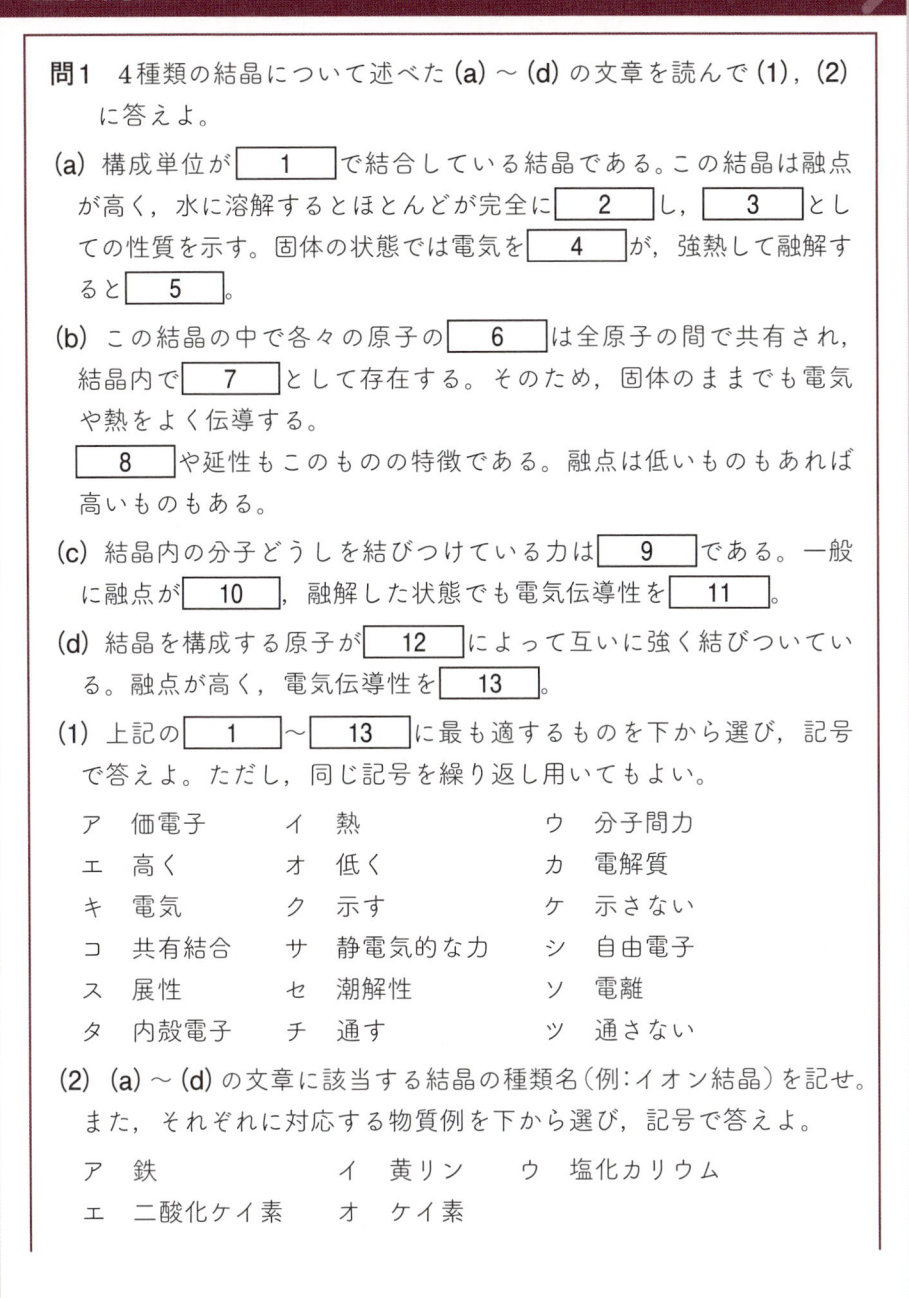

問1　4種類の結晶について述べた(a)～(d)の文章を読んで(1),(2)に答えよ。

(a) 構成単位が［ 1 ］で結合している結晶である。この結晶は融点が高く，水に溶解するとほとんどが完全に［ 2 ］し，［ 3 ］としての性質を示す。固体の状態では電気を［ 4 ］が，強熱して融解すると［ 5 ］。

(b) この結晶の中で各々の原子の［ 6 ］は全原子の間で共有され，結晶内で［ 7 ］として存在する。そのため，固体のままでも電気や熱をよく伝導する。［ 8 ］や延性もこのものの特徴である。融点は低いものもあれば高いものもある。

(c) 結晶内の分子どうしを結びつけている力は［ 9 ］である。一般に融点が［ 10 ］，融解した状態でも電気伝導性を［ 11 ］。

(d) 結晶を構成する原子が［ 12 ］によって互いに強く結びついている。融点が高く，電気伝導性を［ 13 ］。

(1) 上記の［ 1 ］～［ 13 ］に最も適するものを下から選び，記号で答えよ。ただし，同じ記号を繰り返し用いてもよい。

ア　価電子　　　イ　熱　　　　　ウ　分子間力
エ　高く　　　　オ　低く　　　　カ　電解質
キ　電気　　　　ク　示す　　　　ケ　示さない
コ　共有結合　　サ　静電気的な力　シ　自由電子
ス　展性　　　　セ　潮解性　　　ソ　電離
タ　内殻電子　　チ　通す　　　　ツ　通さない

(2) (a)～(d)の文章に該当する結晶の種類名（例：イオン結晶）を記せ。また，それぞれに対応する物質例を下から選び，記号で答えよ。

ア　鉄　　　　　　イ　黄リン　　ウ　塩化カリウム
エ　二酸化ケイ素　オ　ケイ素

問2 結晶が分子結晶であるものの組合せを次の①〜⑤のうちから一つ選べ。

① Fe と Cu　　② I$_2$ と S$_8$　　③ SiO$_2$ と CO$_2$
④ NaCl と Al　　⑤ MgO と AgCl

問3 次の分子のうち，分子全体として電荷のかたよりのある極性分子はどれか。すべて選べ。

① HCl　　② CO$_2$　　③ CH$_4$　　④ NH$_3$
⑤ H$_2$O　　⑥ Cl$_2$

問4 水素結合をつくることができる分子を次の①〜⑤のうちから一つ選べ。

① HCl　　② H$_2$　　③ CH$_4$　　④ C$_2$H$_6$　　⑤ NH$_3$

さて、解いてみましょう。

問1 (1) (a)　本文の中に「固体状態」と「強熱して融解状態」になったときの内容が含まれています。このことは「イオン結晶の特徴」に関係ある言葉なので，本文はイオン結晶の説明が書かれています。第3講「単元1　要点のまとめ①」（→91ページ），第5講「単元1　要点のまとめ③」（→176ページ）。

では，| 1 |から| 5 |を解いてみましょう。

- **サ**　静電気的な力 …… | 1 |の【答え】
  「クーロン力」のことです。

- **ソ**　電離 …… | 2 |の【答え】
  電気的に中性な物質が水に溶けて陽イオンと陰イオンに分かれる現象を「電離」といいます。

- **カ**　電解質 …… | 3 |の【答え】
  水に溶けて陽イオンと陰イオンに分かれる物質をいいます。

- **ツ**　通さない …… | 4 |の【答え】
  固体では電気を通しません。

チ　通す …… [5] の【答え】
　　融解状態では電気を通します。

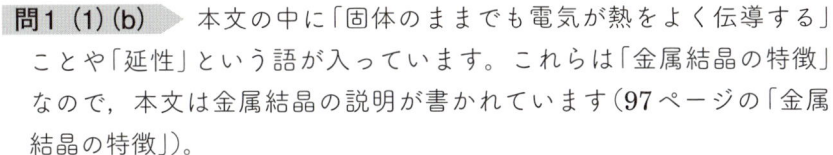

問1 (1) (b)　本文の中に「固体のままでも電気が熱をよく伝導する」ことや「延性」という語が入っています。これらは「金属結晶の特徴」なので，本文は金属結晶の説明が書かれています（97ページの「金属結晶の特徴」）。
　では，[6]～[8] を解いてみましょう。

　　ア　価電子 …… [6] の【答え】
　　　「最外殻電子」のこと。

　　シ　自由電子 …… [7] の【答え】
　　　金属陽イオンの間を自由に動きまわることのできる「金属の価電子」のこと。

　　ス　展性 …… [8] の【答え】
　　　「展性」は広がる性質，「延性」は線上に延びる性質です。

問1 (1) (c)　本文の中に分子どうしを結びつけることが含まれています。これは分子結晶の特徴なので，本文は分子結晶の説明が書かれています（→97ページ「単元1　要点のまとめ③」）。では，[9]～[11] を解いてみましょう。

　　ウ　分子間力 …… [9] の【答え】
　　　「ファンデルワールス力」ともいいます。

　　オ　低く …… [10] の【答え】
　　　分子間の結合力が弱いので融点，沸点は低くなります。

　　ケ　示さない …… [11] の【答え】
　　　分子結晶には電気伝導性はありません。

問1 (1) (d)　本文の中に「結晶を構成する原子」という語や「融点が高い」という語が入っています。これは「共通結合結晶」（または「共有結合の結晶」も可）の特徴なので，本文は共有結合結晶の説明が書かれています「単元1　要点のまとめ②」（→95ページ）。

第3講 結晶の種類・分子の極性

では，$\boxed{12}$〜$\boxed{13}$ を解いてみましょう。

コ 共有結合 …… $\boxed{12}$ の【答え】
共有結合結晶では，各原子が共有結合し，立体的に，無限に繰り返されて1つの巨大分子を作っています。

ケ 示さない …… $\boxed{13}$ の【答え】
共有結合結晶の物質は，黒鉛（グラファイト）を除いて電気伝導性はありません。

問1（2） ア～オの物質の化学式は次の通りです。

ア 鉄（Fe）
イ 黄リン（PまたはP₄）
ウ 塩化カリウム（KCl）
エ 二酸化ケイ素（SiO₂）
オ ケイ素（Si）

アは金属単体なので**金属結晶**です。
イはPとPが非金属どうしの結合なので**分子結晶**です。
ウはKとClが金属と非金属の結合なので**イオン結晶**です。
エとオは共有結合結晶の代表例の4つの物質なので**共有結合結晶**です（93ページを参考にしてください）。

(a) **イオン結晶　ウ**
(b) **金属結晶　ア**
(c) **分子結晶　イ**
(d) **共有結合結晶**
　　（または**共有結合の結晶**）**エ，オ**

…… 問1（2）の【答え】

問2 ①〜⑤の各物質について結晶の種類を調べてみましょう。

① FeとCuは両方とも，金属単体なので共に**金属結晶**です。
② I₂とS₈は両方とも，非金属どうしの結晶なので，共に**分子結晶**です。
（注意）S₈は単にSと書くことが多いですが，斜方硫黄，単斜硫黄の分子式を表します。
③ SiO₂は**共有結合結晶**です。CO₂は非金属どうしの結晶なので**分子結晶**です。

④ NaClは金属と非金属の結晶なので**イオン結晶**です。Alは金属単体なので**金属結晶**です。

⑤ MgOとAgClは両方とも，金属と非金属の結晶なので，共に**イオン結晶**です。

② …… 問2 の【答え】

問3　「極性分子」の代表例は3つあり，H_2O，NH_3，HClでした（→106ページ「単元2　要点のまとめ②」）。また，「無極性分子」の代表例も3つあり，CO_2，CH_4，CCl_4でした（→109ページ「単元2　要点のまとめ③」）。さらに単体はすべて「無極性分子」でしたね。

では，①〜⑥について調べてみましょう。

① HCl　極性分子
② CO_2　無極性分子
③ CH_4　無極性分子
④ NH_3　極性分子
⑤ H_2O　極性分子
⑥ Cl_2　無極性分子

① ④ ⑤ …… 問3 の【答え】

問4　「水素結合」をもつものは，「電気陰性度の大きいF.O.N」と水素との化合物です。116ページ **重要!** の内容を参考にしてください。HF，H_2O，NH_3は水素結合をもつ化合物の代表例です。

①〜⑤を調べてみましょう。

①のHCl中のClは電気陰性度の値が大きいのですが，水素結合をもちません。

②〜④はF，O，Nの元素を含まないので，水素結合はありません。

⑤のNH_3には水素結合があります。

⑤ …… 問4 の【答え】

Column

化学計算は比例の関係

　かつて私が高校生の頃，恩師に「化学計算は簡単で，りんごの個数と値段の関係のようなものだ」と教えていただきました。そのときはあまり気にも留めずにいましたが，それから授業が進んでいくにつれ，その重要性がだんだんわかってきました。ほとんどの化学現象が比例関係で成り立つことを知り，本質を見極めることができるようになったのです。

　それ以来化学が好きになりました。そして今度は，私がみなさんに化学計算の本質をご紹介し，化学を好きになっていただこうと思います。

　比例関係はイメージしやすい量的な関係です。例えば，34gの過酸化水素がすべて分解すると，酸素が標準状態で11.2L発生しますが，では68gが分解すると，2倍の22.4Lが発生するということは，すぐにイメージできますね。

第 4 講

化学量・化学反応式

- **単元 1** 化学量
- **単元 2** 化学反応式と物質量
- **単元 3** 化学反応式の表す意味
- **単元 4** 結晶格子

第 4 講のポイント

　こんにちは。今日は第 4 講「化学量・化学反応式」というところをやっていきます。今回から，計算問題に入っていくわけですが，その一番最初のもとになる物質量，要するに「mol（モル）」ですね。これがいったい何なのか，というところを理解しましょう。

単元 1 化学量

まず，最初にいくつかの言葉を学んでいきましょう。最初は「**原子量**」と「**分子量**」についてです。

1-1 原子量と分子量

質量数12の炭素原子です。

$$^{12}_{6}\text{C}$$

左上の12は質量数，その下の6は原子番号でしたね（→8ページ）。

質量数12の炭素原子の1個の質量っていうのは，非常に軽いんですが，その1個の質量を，12としたんです。"12g"ではなく，"12"です。**単位はつきません。**

・原子量は相対的に表す

そうしたときの，他の原子の1個の質量を相対的に表したものが，「原子量」です。

炭素原子の質量を12と決めたら，水素原子はちょうどその$\frac{1}{12}$の質量だから，原子量は1となります。酸素原子は，炭素原子の$\frac{16}{12}$の質量になるので，原子量は16。繰り返しますが，原子量にはgをつけてはいけません！　仮に炭素原子1個が12gもあったら，ダイヤモンドの指輪なんか指がポキンと折れて大変なことになります！

・分子量と式量

そして，分子を構成する原子の原子量の総和を「**分子量**」といいます。また，「**式量**」は，組成式やイオン式の中に含まれる原子の原子量の総和です（組成式については130ページで出てきます）。

> **単元 1 要点のまとめ ❶**
>
> **原子量と分子量**
> **原子量**…天然の元素の多くは2種類以上の同位体の混合物であるが，各同位体の存在率は一定なので，各元素の原子の平均質量を求めることができる。この平均質量を質量数12の炭素原子（^{12}C）1個の質量を12としたときの相対質量で表したものが**原子量**である。
> **分子量**…分子を構成している原子の原子量の総和をいう。
> **式　量**…組成式やイオン式の中に含まれる原子の原子量の総和をいう。

1-2 物質量

次に「**物質量**」です。これはよく"物の質量"と読んでしまい，「物の質量ならgだぞ」と思ってしまうんですね。そうではなくて，これは"物質量"という1つの言葉があって，「**mol**（モル）」を表します。

化学では，6.02×10^{23} 個の集団を1molと決めました。これはだから，その数集まると1molになると決めるわけです。この数のことを**アボガドロ数**（または**アボガドロ定数**）といいます。ちなみにアボガドロ定数というときは 6.02×10^{23}/mol というように，単位をつける約束になっています。

6.02×10^{23}個の集団を1molと決める

↑アボガドロ数

　ここまでで，molと個数の関係はわかります。6.02×10^{23}個集まったものを1molと決める。もし，その集合が2つあると，2molといい，半分しかなければ，0.5molというわけです。

1-3　1molが含む各量

　それで，1molある物質をいろいろと調べてみます。結論をいうと，molと言われた場合，その中に**4つの単位**を含んでいます。**質量(g)**，**気体の体積(L)**，**個数**，そして**物質量(mol)**です。

単元1　要点のまとめ ❷

化学量の比例関係

1mol中に次の各量を含む。

① 質量…1molは分子量，原子量(単原子分子扱いのもの)，式量にgをつけた質量になる。

② 気体の体積…1molの気体はどんな種類の気体でも**標準状態(0℃, 1.01×10^5Pa)** では**22.4L**を占める。

③ 個数…1molは6.02×10^{23}個である。

④ 物質量…1molは1molである。

この4つの間では比例関係が成り立つ。

・1mol中の質量

　1molであれば，分子量，原子量（**単原子分子扱いのもの**），式量にgをつけたものが質量になります。例えば，H₂O 1molの分子量と質量を考えてみます。水素原子というのは原子量が1，酸素原子の原子量が16です。よって，

$$H_2O = 1 \times 2 + 16 = 18 \qquad \therefore 18g$$

18という数は分子量で，この分子量にあえてgという単位をつけると，これが1molの質量(18g)になるわけです。

　ということは，水分子18gを取ってくると1molですから，アボガドロ数，すなわち6.02×10^{23}個の水分子をその中に含んでいることになります。

・1人あたり100兆円?!

　これはすごい数ですよ。仮に6×10^{23}円あるとして，世界人口（60億人）で分けたとすると，1人あたり100兆円もらえるという，とてつもなく大きい数です。18gという，およそ目薬1本分の水の中には，それくらい大きい数の水分子を含んでいるのです。

　では次に原子量にgをつける場合。これは「単元1　要点のまとめ②」にあるように「**単原子分子扱い**」のものです。具体的には，

$$\text{C, P, S, 金属類, 希ガスは単原子分子扱い}$$

です。単原子分子というのは，1個の原子からできている分子ということですが，本当の単原子分子は，ヘリウム(He)，ネオン(Ne)などの希ガスだけです。

　炭素(C)，リン(P)，イオウ(S)，金属類は，何個含んでいる

かと，いちいち区別していくことがわかりづらい。つまり何個ってハッキリと言えないから，**全部元素記号で書き表し，単原子分子扱いをするわけです。**

アドバイス ちなみにH_2なんていうのは2個の原子からできているので，2原子分子といいます。3つ以上はもう，多原子分子という言い方をします。

式量は，例えばNaClを考えてみましょう。「えっ，これは分子量じゃないの？」と思われるかもしれませんね。しかし，イオン結晶であるNaClは 図4-1 のようにがんじがらめにくっついて存在しています。そうすると，NaとClの対を分子として取ってくることはできないんですね。

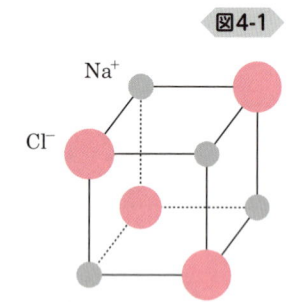

図4-1

・組成式とは？

ここで，Naは何個あるかわからないので，n個あるとしましょう。すると，Clも同じn個ありますね。ということで，一番簡単な整数比に直すと，

$$Na_nCl_n \Longrightarrow NaCl$$

となります。**この一番簡単な整数比にした式のことを，「組成式」と言っているんです。**要するに，イオン結晶からできているものはすべて組成式です。でも，扱い方は分子量も原子量も式量も同じですよ。

例：分子量…$H_2O = 1 \times 2 + 16 = 18$　　よってH_2O 1molは18g
　　原子量…$Cu = 63.5$　　　　　　　　　よってCu 1molは63.5g
　　式　量…$NaCl = 23 + 35.5 = 58.5$　よって$NaCl$ 1molは58.5g

・1mol中の気体の体積

次に1mol中の気体の体積です。1molの気体はどんな種類の気体でも**標準状態（0°C，1.01×10⁵Pa）**では，**22.4L**を占めます。これは，実測値で調べた結果です。**標準状態（0°C，1.01×10⁵Pa）**という言葉と数値を覚えてください。さらにこの「**22.4L**」という値も入試では与えられませんので，覚えておきましょう。

例えば，窒素であればN₂で分子量は14×2＝28です。だから28gの窒素を取ってきて0℃，1.01×10⁵Paの状態でしばらくほうっておくと，体積が22.4Lになります。しかも1molなので，そのときの個数はアボガドロ数6.02×10²³個の窒素分子を含んでいるということになります。

・ポイントは比例関係

はい，「単元1　要点のまとめ②」（→128ページ）をもう一度確認してください。**質量（g），気体の体積（L），個数，物質量（mol）の4つの間では，比例関係が成り立ちます**。ここがポイントです！

岡野流必須ポイント❻　質量，気体の体積，個数，物質量は比例関係

比例関係とは，2つの量を考えたとき，一方を2倍するともう一方も2倍，3倍すると3倍になるということです。

例えば，1個が300gのリンゴ2個では600g，3個では900gというような関係です。このとき，比例式も成り立つことを頭に入れておきましょう。

演習問題で力をつける ❺
molの計算に慣れよう①！

> **問** 酸素について，次の問いに答えよ。ただし，原子量はO＝16，アボガドロ定数を$6.0×10^{23}$/molとする。数値は有効数字2桁で求めよ。
> (1) 分子量はいくらか。
> (2) 分子1個の質量は何gか。
> (3) 6.4gの酸素は，標準状態で何Lか。
> (4) 標準状態で1.12Lの酸素には酸素分子が何個含まれるか。

📖 さて，解いてみましょう。

本講の「単元1」で学んだことを踏まえて解いていきます。

(1) まず，分子量を計算してみましょう。

O_2の分子量は，O原子2個分なので

$O_2 ＝ 16 × 2 ＝ 32$（単位なし）です。

原子量，分子量，式量には単位はつけません。

∴ **32** ………… (1) の【答え】
（有効数字2桁）

(2)

比例法で解く（解法）

1molのO_2の質量 … 32g

1molは分子量，原子量，式量にgをつけた質量でしたね。（128ページ「単元1　要点のまとめ②」）。

1molのO_2の個数 … $6.0 × 10^{23}$個

1mol中には$6.0 × 10^{23}$個（アボガドロ数）の酸素分子が存在しました。（127，128ページを参考にしてください）。

個数とg数の間では比例関係が成り立つので，分子1個の質量をx gとすると

　　　　$6.0 × 10^{23}$個 : 32g ＝ 1個 : x g
　　　　‾‾‾‾‾‾‾‾‾‾‾‾‾‾‾‾‾‾
　　　　1molのO_2の
　　　　　個数とg数

$$6.0 \times 10^{23} x = 32 \times 1$$

$$x = \frac{32 \times 1}{6.0 \times 10^{23}} = 5.33 \times 10^{-23} ≒ 5.3 \times 10^{-23} \text{g}$$

∴ **5.3 × 10⁻²³g** …… (2) の【答え】
(有効数字2桁)

このとき1molを基準にして解くことがポイントです。

または比例式を使わずに，1個の質量は全体の個数で割って求めると考えて，単に $\frac{32}{6.0 \times 10^{23}} ≒ 5.3 \times 10^{-23}$ g としても構いません。

∴ **5.3 × 10⁻²³g** …… (2) の【答え】
(有効数字2桁)

(3)

比例法で解く（解法その1）

1molのO₂のg数 … 32g
1molのO₂のL数 … 22.4L（標準状態）

（128ページ「単元1　要点のまとめ②」）

g数とL数の間には比例関係が成り立ちます。

$$\underline{32\text{g} : 22.4\text{L}} = 6.4\text{g} : x \text{ L}$$
1molのO₂の
g数とL数

∴ $32x = 22.4 \times 6.4$

$$x = \frac{22.4 \times 6.4}{32} = 4.48 ≒ 4.5 \text{L}$$

∴ **4.5L** ……… (3) の【答え】
(有効数字2桁)

mol法で解く（解法その2）

　[公式2]を組み合わせて解く方法を示しましょう。
　ここで[公式2]を確認しておきましょう。

重要!

☆	(Ⅰ)	$n = \dfrac{w}{M}$ $\begin{pmatrix} n：原子または分子の物質量 (mol) \\ w：質量 (g) \\ M：原子量または分子量 \end{pmatrix}$
☆	(Ⅱ)	$n = \dfrac{V}{22.4}$ $\begin{pmatrix} n：気体の物質量 (mol) \\ V：標準状態の気体の体積 (L) \end{pmatrix}$
☆	(Ⅲ)	$n = \dfrac{a}{6.02 \times 10^{23}}$ $\begin{pmatrix} n：原子または分子の物質量 (mol) \\ a：原子数または分子数 \end{pmatrix}$

――――― [公式2]

[公式2] の (Ⅰ) $\boxed{n = \dfrac{w}{M}}$ と [公式2] の (Ⅱ) を変形させて

$$\boxed{n = \dfrac{V}{22.4}} \;\Rightarrow\; V = n \times 22.4$$

これらを組み合わせて使います。

まず，O_2 の mol 数を求めます。

$$n = \dfrac{w}{M} = \dfrac{6.4}{32} \text{ mol}$$

次に O_2 の L 数を $\boxed{V = n \times 22.4}$ で求めます。

$$\underbrace{\dfrac{6.4}{32}}_{O_2 の\; mol数} \times \underbrace{22.4}_{O_2 の\; L数} = 4.48 ≒ 4.5 \text{L}$$

∴ **4.5L** ‥‥‥ (3) の【答え】
(有効数字2桁)

(4)

比例法で解く (解法その1)

1mol の O_2 の L 数…22.4L (標準状態)
1mol の O_2 の個数…6.0 × 10²³ 個

L数と個数の間では比例関係が成り立ちます。

$$\underbrace{22.4\text{L} : 6.0 \times 10^{23} 個}_{1mol の O_2 の\; L数と個数} = 1.12\text{L} : x 個$$

$$22.4x = 6.0 \times 10^{23} \times 1.12$$

$$x = \frac{6.0 \times 10^{23} \times 1.12}{22.4} = 3.0 \times 10^{22} 個$$

∴ **3.0 × 10²² 個** …… (4) の【答え】
（有効数字2桁）

mol法で解く（解法その2）

[公式2] の（Ⅱ）$\boxed{n = \dfrac{V}{22.4}}$ と [公式2] の（Ⅲ）を変形させた

$$\boxed{n = \dfrac{a}{6.0 \times 10^{23}} \Rightarrow a = n \times 6.0 \times 10^{23}}$$

を組み合わせて解きます。

$$\underbrace{\frac{1.12}{22.4}}_{O_2 の\ mol数} \times \underbrace{6.0 \times 10^{23}}_{O_2 の個数} = 3.0 \times 10^{22} 個$$

3.0 × 10²² 個 …… (4) の【答え】
（有効数字2桁）

単元 1 要点のまとめ ❸

比例法と mol 法

比例法…mol に関して，**質量，気体の体積，個数，物質量**の
　　　　　4つの間での比例関係を利用して解く。
mol 法…[公式2] を組み合わせて解く。

アドバイス [公式2]（Ⅰ）～（Ⅲ）の導き方をそれぞれ説明しましょう。

mol数とg数は比例する（ある物質の原子量または分子量をM，質量をw g，そのときの物質量をn molとする）。

（Ⅰ）の【証明】

$$1 \text{ mol} : M \text{ g} = n \text{ mol} : w \text{ g}$$

1molのある物質の mol数とg数

$\therefore nM = w \quad \therefore n = \dfrac{w}{M}$ ……[公式2]

（Ⅱ）の【証明】

mol数とL数は比例する（標準状態のある気体をV L，そのときの物質量をn molとする）。

$$1 \text{ mol} : 22.4 \text{ L} = n \text{ mol} : V \text{ L}$$

1molのある気体の mol数とL数

$\therefore n \times 22.4 = V \quad \therefore n = \dfrac{V}{22.4}$ ……[公式2]

（注意）1molの気体はどんな種類の気体でも標準状態では22.4Lを占める。

（Ⅲ）の【証明】

mol数と個数は比例する（ある物質の個数をa個，そのときの物質量をn molとする）。

$$1 \text{ mol} : 6.02 \times 10^{23} \text{ g} = n \text{ mol} : a \text{ 個}$$

1molのある物質の mol数と個数

$\therefore n \times 6.02 \times 10^{23} = a \quad \therefore n = \dfrac{a}{6.02 \times 10^{23}}$ ……[公式2]

（注意）アボガドロ数が6.0×10^{23}で与えられたときは$n = \dfrac{a}{6.0 \times 10^{23}}$を用いる。

単元 2 化学反応式と物質量

化学反応式をつくるとき，係数のつけ方には「**暗算法（分数係数法）**」と「**未定係数法**」の2通りの方法があります。計算問題を解くときに，かならず必要になるテクニックです。まずは，例題を見てください。

【例題】次の化学反応式の係数を求めよ。
(1) $C_2H_6 + O_2 \longrightarrow CO_2 + H_2O$
(2) $Cu + HNO_3 \longrightarrow Cu(NO_3)_2 + H_2O + NO_2$

さあ，どうやって解いていきましょうか。

2-1 暗算法で解く

(1) **暗算法（分数係数法）** で解きます。

▶ さて，解いてみましょう。

(1)はエタンが燃焼して，二酸化炭素と水になるという式です。

$$\bigcirc C_2H_6 + \bigcirc O_2 \longrightarrow \bigcirc CO_2 + \bigcirc H_2O$$

> ●岡野の着目ポイント　まず，**一番複雑そうな化合物（元素の種類，または原子数の多い化合物）** に着目し，その係数を **1** と決めます。ここで一番複雑そうなのはC_2H_6（エタン）ですね。元素の種類はCO_2やH_2Oと同じく2種類ですが，原子の数は最も多く，8つあります。

はい，ここでポイントは，

①両辺で各原子数は等しい。

そうすると，左辺の炭素原子はC_2H_6に2個でしょう。だから右辺にもやっぱり2個なんですよ。したがって，CO_2の係数を2と入れます。

$1C_2H_6 + \bigcirc O_2 \longrightarrow 2CO_2 + \bigcirc H_2O$

さらに左辺には，Hが6個。そこで右辺のH_2Oの係数を3と入れ，Hの数をそろえます。

$1C_2H_6 + \bigcirc O_2 \longrightarrow 2CO_2 + 3H_2O$

はい，右辺のOの数は7個になりました。左辺も7個にしたい。2個セットが7個になるということは，$\frac{7}{2}$倍ですね。

$1C_2H_6 + \frac{7}{2}O_2 \longrightarrow 2CO_2 + 3H_2O$

そして，2つ目のポイントとして，

②係数は一番簡単な整数比とする。

もっと簡単にするために，**分母の最小公倍数2**をかけます。

$2C_2H_6 + 7O_2 \longrightarrow 4CO_2 + 6H_2O$

……(1) の【答え】

以上が暗算法（分数係数法）です。

2-2 未定係数法で解く

(2) 次を解いてみましょう。まずは暗算法を試してみます。

$$\bigcirc Cu + \bigcirc HNO_3 \longrightarrow \bigcirc Cu(NO_3)_2 + \bigcirc H_2O + \bigcirc NO_2$$

一番複雑そうなものの係数を1とおきます。$Cu(NO_3)_2$ が一番複雑そうなので1とすると，Cuが1個だから，左辺でも1個です。ここまではできるんですよ。

$$1Cu + \bigcirc HNO_3 \longrightarrow 1Cu(NO_3)_2 + \bigcirc H_2O + \bigcirc NO_2$$

ところが次の段階で，NもOも左辺，右辺ともに数が確定できていないから，すぐには係数が決められない。するとこの場合は，未定係数法です。**暗算法のほうがずっと速いんですが，できない場合には未定係数法を用います。**

暗算法がダメなら未定係数法を使う

さて，解いてみましょう。

岡野のこう解く それぞれの係数を未知数 a, b, c, d, e とおきます。

$$aCu + bHNO_3 \longrightarrow cCu(NO_3)_2 + dH_2O + eNO_2$$

そして方程式で解いていきます。左辺と右辺で各原子数をそろえるのがポイントです。

Cuについて： $a = c$ ……①
Hについて ： $b = 2d$ ……②
Nについて ： $b = 2c + e$ ……③
Oについて ： $3b = 6c + d + 2e$ ……④

> **岡野の着目ポイント** 未知数が5個あるにもかかわらず，4個しか式が立てられない。**そこで，あと1本式をつくる，ここが未定係数法のポイントです。つくり方として，一番多く使われている文字を1とおきます。**bとcが3回ずつなので，どちらでもいいのですが，bを1としましょうか。
> $b = 1$ ……⑤

①〜⑤を解いて，分母の最小公倍数をかけます。

$a = \dfrac{1}{4}$　4倍する⇒　1

$b = 1$　4倍する⇒　4

$c = \dfrac{1}{4}$　4倍する⇒　1

$d = \dfrac{1}{2}$　4倍する⇒　2

$e = \dfrac{1}{2}$　4倍する⇒　2

∴　**$Cu + 4HNO_3 \longrightarrow Cu(NO_3)_2 + 2H_2O + 2NO_2$**

…… (2) の【答え】

では，まとめておきます。

単元 2　要点のまとめ ❶

化学反応式の係数の決め方

化学反応式では，次の2つのことが成り立つことを利用して，係数を決める。
　①両辺で各原子数は等しい
　②係数は一番簡単な整数比とする
暗算法（分数係数法）と**未定係数法**という2通りの方法で，係数は導ける。通常は暗算法で導くが，暗算法でできないときはめんどうでも未定係数法を用いる。

単元3 化学反応式の表す意味

化学反応では，次の関係が成り立ちます。

化学反応式の係数比＝反応または生成する物質の物質量比

これだけ言われてもピンと来ないと思いますので，窒素と水素からアンモニアができる反応を例にとって見てみましょう。

例：次の反応でN_2 1molが反応したとき，反応で消費するN_2，H_2と，生成されるNH_3の量的関係は，次のようになる。

	N_2	$+$	$3H_2$	$\longrightarrow$	$2NH_3$
物質量	1mol		3mol		2mol
分子数	6×10^{23}個		$3\times6\times10^{23}$個		$2\times6\times10^{23}$個
気体の体積（標準状態）	22.4L		3×22.4L		2×22.4L
質量	28g		3×2g		2×17g

このときN_2，H_2，NH_3の間では比例関係が成り立つ。

上の化学反応式を見て，初心の人であれば，「1個の窒素分子があって，それが3個の水素分子と反応を起こして2個のアンモニア分子ができる」と考えるかもしれませんね。でも，化学の計算をやる場合には，**1個とか2個の分子の数ではあまりにも小さな質量，またはあまりにも小さな気体の体積になってしまうので**，「N_2 1mol，H_2 3mol，NH_3 2molというふうに考えていきましょう」としたのです。

1mol中に含まれる各量は第4講の単元1で学びましたね。そこで，上の表のような関係が全部成り立つわけです。

このとき N_2, H_2, NH_3 の間では，比例関係が成り立ちます。

> **単元 3 要点のまとめ ❶**
>
> **化学反応式の表す意味**
> 　化学反応式の係数比＝反応または生成する物質の物質量比

単元 3 化学反応式の表す意味　143

演習問題で力をつける ❻
molの計算に慣れよう②！

問 ブタン(C_4H_{10})5.8gを完全燃焼させるとき
(1) 二酸化炭素は標準状態で何L得られるか。
(2) 水は何g得られるか。
(3) 酸素分子は何個使用されるか。
ただし，原子量はH＝1，C＝12，O＝16とし，アボガドロ定数は$6.0×10^{23}$/molとする。

📖 さて，解いてみましょう。

本講の単元1〜単元3で学んだことを踏まえて解いていきます。最初に反応式をつくります。問題文より，

$$C_4H_{10} + O_2 \longrightarrow CO_2 + H_2O$$

一番複雑そうなC_4H_{10}の係数を1とおくと，

$$1C_4H_{10} + \frac{13}{2}O_2 \longrightarrow 4CO_2 + 5H_2O$$

両辺を2倍して，

$$2C_4H_{10} + 13O_2 \longrightarrow 8CO_2 + 10H_2O$$

> **岡野の着目ポイント**
>
> **(1)** 問題文の「**ブタン(C_4H_{10})5.8g**」と，「**二酸化炭素は……何L**」というところをチェックして，「**g**」と「**L**」の関係で解くということに着目します。

比例法で解く（解法その1）

完成した化学反応式からブタンと二酸化炭素の関係を考えると，

$$\underline{2C_4H_{10}} \quad : \quad \underline{8CO_2}$$
　　2mol　　　　 8mol

ですね。
ここで，molに含まれる各量の比例関係から，「g」と「L」の関係に直すと，

$2C_4H_{10}$: $8CO_2$　　　($C_4H_{10} = 58$)
2mol　　　　8mol
(2×58g　　8×22.4L)

岡野のこう解く　すなわち2×58gのブタンを完全燃焼させると，8×22.4Lの二酸化炭素が発生するということです。この割合は変わらないというのがポイント！

そこで今回は5.8gのブタンを燃焼させて，何Lの二酸化炭素が発生したのか，ということですから，発生した二酸化炭素をxLとすると，

$2C_4H_{10}$: $8CO_2$
2mol　　　　8mol
$\begin{pmatrix} 2 \times 58\text{g} & 8 \times 22.4\text{L} \\ 5.8\text{g} & x\text{L} \end{pmatrix}$

比例関係のときは比例式が使えるので，

$2 \times 58\text{g} : 8 \times 22.4\text{L} = 5.8\text{g} : x\text{L}$

あとは，数学で学んだように，内項の積と外項の積が等しくなります。

$2 \times 58 \times x = 8 \times 22.4 \times 5.8$　――Ⓐ

∴ $x = 8.96 ≒$ **9.0L** ……(1) の【答え】

慣れてくれば，

$\begin{pmatrix} 2 \times 58\text{g} & 8 \times 22.4\text{L} \\ 5.8\text{g} & x\text{L} \end{pmatrix}$

のところで，**対角線どうしをかけてⒶ式をつくっても構いません。**

以上のように，比例関係を用いて解く方法を「比例法」といいます。
「比例法」にはもう一つ，巻末の「**最重要化学公式一覧**」の**[公式2]**を用いる方法があります。

単元 3 化学反応式の表す意味 145

> **重要!**

☆	(Ⅰ)	$n = \dfrac{w}{M}$	$\begin{pmatrix} n：原子または分子の物質量 (mol) \\ w：質量 (g) \\ M：原子量または分子量 \end{pmatrix}$
☆	(Ⅱ)	$n = \dfrac{V}{22.4}$	$\begin{pmatrix} n：気体の物質量 (mol) \\ V：標準状態の気体の体積 (L) \end{pmatrix}$
☆	(Ⅲ)	$n = \dfrac{a}{6.02 \times 10^{23}}$	$\begin{pmatrix} n：原子または分子の物質量 (mol) \\ a：原子数または分子数 \end{pmatrix}$

──── [公式2]

> **比例法で解く(解法その2)**

すべて mol の単位に合わせて解く方法です。

$$2C_4H_{10} \quad : \quad 8CO_2$$
$$2\text{mol} \quad\quad 8\text{mol}$$
$$\dfrac{5.8}{58}\text{mol} \quad \dfrac{x}{22.4}\text{mol}$$

$\boxed{n = \dfrac{w}{M}}$ より　　　　　$\boxed{n = \dfrac{V}{22.4}}$ より

対角線の積は内項の積と外項の積の関係になっているので等しい。

$$\therefore \quad \dfrac{5.8}{58} \times 8 = \dfrac{x}{22.4} \times 2$$

$$\therefore \quad x = \dfrac{5.8 \times 8 \times 22.4}{58 \times 2} = 8.96$$

$$\fallingdotseq \mathbf{9.0L} \cdots\cdots (1) \text{ の 【答え】}$$

> **mol 法で解く(解法その3)**

[公式2]を組み合わせて解く方法です。

> **岡野の着目ポイント** 　燃焼したブタンの mol 数は [公式2] の(Ⅰ)から $\dfrac{5.8}{58}$ mol です。そして，化学反応式に着目すると，**発生する二酸化炭素の物質量は，使用されるブタンの常に $\dfrac{8}{2}$ 倍です。これがポイントです！**

ここで，求めたいのは，二酸化炭素のL数なので，(Ⅰ)(Ⅱ)の式を組み合わせて，二酸化炭素についての式を立てます。

[公式2]の(Ⅱ)を変形させて $n=\dfrac{V}{22.4}$ ⇒ $V=n\times 22.4$ に代入すると,

$$V_{CO_2} = n_{CO_2} \times 22.4$$
$$= \underline{\dfrac{5.8}{58}} \times \underline{\dfrac{8}{2}} \times \underline{22.4} = 8.96$$

　　　　C₄H₁₀の　　CO₂の　　CO₂の
　　　　mol数　　　mol数　　体積(L)

≒ **9.0L** ……(1) の【答え】

この解法を「mol法」といいます。「解法その1」～「その3」のどちらで解いても構いませんよ。

(2)

比例法で解く(解法その1)

同様に完成した化学反応式から解いていきます。**ブタンと水**で,「g」と「g」の関係に着目です。生成した水を xg とすると,

$$2C_4H_{10} \ : \ 10H_2O \quad (H_2O=18)$$
　　　　　2mol　　　　10mol
2で割ると　1mol　　　　5mol ⇐（比率がわかればいいので,簡単な整数比に直して構いません）

$$\begin{pmatrix} 58g & & 5\times 18g \\ 5.8g & & xg \end{pmatrix}$$

対角線の積は内項の積と外項の積の関係になっているので等しい。

∴　$58x = 5.8 \times 5 \times 18$

∴　$x = $ **9.0g** ……(2) の【答え】

比例法で解く(解法その2)

すべてmolの単位に合わせて解く方法です。

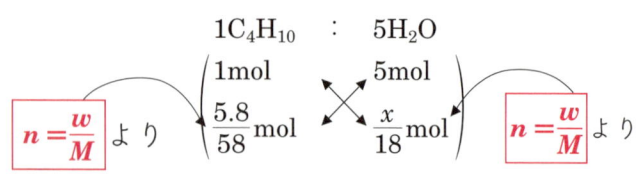

$$1C_4H_{10} \ : \ 5H_2O$$
　　　　　　1mol　　　5mol
　　　　　　$\dfrac{5.8}{58}$mol　　$\dfrac{x}{18}$mol

$n=\dfrac{w}{M}$ より　　　　　　　　　$n=\dfrac{w}{M}$ より

$$\therefore \quad \frac{5.8}{58} \times 5 = \frac{x}{18} \times 1$$

$$\therefore \quad x = \frac{5.8 \times 5 \times 18}{58 \times 1} = \textbf{9.0g} \quad \cdots\cdots \text{(2)} \text{の【答え】}$$

mol法で解く（解法その3）

　生成する水の物質量は，使用されるブタンの常に$\frac{10}{2}$倍です。求めたいのは，水のg数なので，

$$n_{H_2O} = n_{C_4H_{10}} \times \frac{10}{2}$$

　ここで，[公式2]の（I）式を変形させて $\boxed{n = \frac{w}{M} \quad \Rightarrow \quad w = nM}$ に代入すると，

$$w_{H_2O} = n_{H_2O} \times 18$$

$$= \underset{\substack{C_4H_{10}の \\ \text{mol数}}}{\frac{5.8}{58}} \times \underset{\substack{H_2Oの \\ \text{mol数}}}{\frac{10}{2}} \times \underset{\substack{H_2Oの \\ \text{質量(g)}}}{18} = \textbf{9.0g}$$

$$\cdots\cdots \text{(2)} \text{の【答え】}$$

(3)

比例法で解く（解法その1）

　同様に完成した化学反応式から解きます。**メタン**と**酸素**で「**g**」と「**個**」の関係に着目です。

$$2C_4H_{10} \quad : \quad 13O_2$$
$$2\text{mol} \qquad\quad 13\text{mol}$$
$$\begin{pmatrix} 2 \times 58\text{g} & 13 \times 6.0 \times 10^{23}\text{個} \\ 5.8\text{g} & x\text{個} \end{pmatrix}$$

対角線の積は等しいので

$$\therefore \quad 2 \times 58 \times x = 5.8 \times 13 \times 6.0 \times 10^{23}$$

$$\therefore \quad x = \textbf{3.9} \times \textbf{10}^{23}\textbf{個} \quad \cdots\cdots \text{(3)} \text{の【答え】}$$

比例法で解く（解法その2）

すべてmolの単位に合わせます。

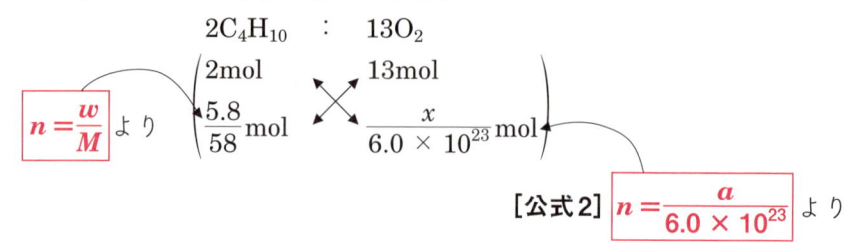

$$2C_4H_{10} \; : \; 13O_2$$

$$\begin{pmatrix} 2\text{mol} & 13\text{mol} \\ \dfrac{5.8}{58}\text{mol} & \dfrac{x}{6.0\times 10^{23}}\text{mol} \end{pmatrix}$$

$n = \dfrac{w}{M}$ より

[公式2] $n = \dfrac{a}{6.0\times 10^{23}}$ より

対角線の積は等しいので

$$\therefore \; \dfrac{x}{6.0\times 10^{23}} \times 2 = \dfrac{5.8}{58} \times 13$$

$$\therefore \; x = 3.9\times 10^{23} \text{個} \quad \cdots\cdots \text{(3)} \text{ の【答え】}$$

mol法で解く（解法その3）

使用される酸素の物質量は使用されるブタンの常に$\dfrac{13}{2}$倍です。求めたいのは酸素の個数なので，

$$n_{O_2} = n_{C_4H_{10}} \times \dfrac{13}{2}$$

ここで【公式2】の（Ⅲ）式を変形させて

$$n = \dfrac{a}{6.0\times 10^{23}} \; \Rightarrow \; a = n\times 6.0\times 10^{23}$$

に代入すると

$$a_{O_2} = n_{O_2} \times 6.0\times 10^{23}$$
$$= \underbrace{\dfrac{5.8}{58}}_{C_4H_{10}\text{の mol数}} \times \underbrace{\dfrac{13}{2}}_{O_2\text{の mol数}} \times \underbrace{6.0\times 10^{23}}_{O_2\text{の個数}} = 3.9\times 10^{23}\text{個}$$

$$\cdots\cdots \text{(3)} \text{ の【答え】}$$

理解できましたでしょうか？　ここはじっくり時間をかけて，ぜひ自分の得意技をつくってくださいね。

以下に，2つの解法（比例法とmol法）のポイントをまとめておきますので，参照しておいてください。

単元 3 要点のまとめ ❷

比例法と mol 法

比例法…化学反応式の両辺のそれぞれの物質の間での比例関係を利用して解く。

mol法…[公式2]を組み合わせて解く。

単元 4 結晶格子

　最後に「結晶格子」について学びましょう。
　結晶中で構成粒子のつくる配列を「**結晶格子**」といい，その最小の繰り返し単位を「**単位格子**」といいます。
　ではこれから，金属結晶とイオン結晶，それぞれの結晶格子について見ていきます。

4-1　金属の結晶格子

　まずは金属結晶の結晶格子です。
　さて，金属の結晶というと，まず金属単体をイメージしてくださいね。化合物でない1種類の元素からできている金属であれば，もう金属結晶になっています（→97ページ）。

・結晶格子の種類

　では金属の結晶格子には，どんな種類があるのでしょう？　まずは次ページの「単元4　要点のまとめ①」に目を通してください。
　金属の三次元的な配列は1種類ではなく，金属の種類によっていろいろな配列の仕方をします。

単元 4 要点のまとめ ❶

金属結晶の結晶格子

金属の結晶は，金属の陽イオンが規則正しく整列してできている。結晶中で構成粒子のつくる三次元の配列を**結晶格子**といい，結晶格子の最小の繰り返し単位を**単位格子**という。

金属の結晶格子は，主に以下の3種類のいずれかである。

(a) 体心立方格子　　(b) 面心立方格子　　(c) 六方最密構造

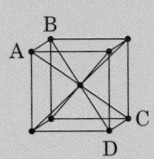

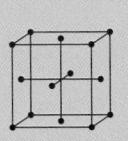

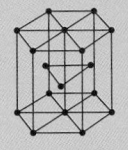

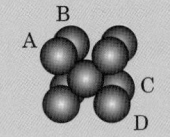

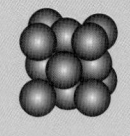

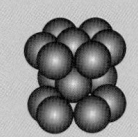

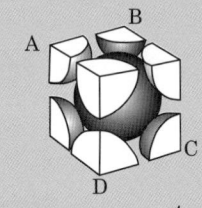

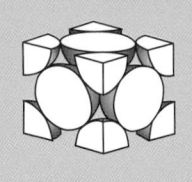

	(a) 体心立方格子	(b) 面心立方格子	(c) 六方最密構造
単位格子中に含まれる原子の数	$1(中心) + \frac{1}{8}(頂点) \times 8$ $= 1 + 1 = 2$	$\frac{1}{2}(面) \times 6 + \frac{1}{8}(頂点) \times 8$ $= 3 + 1 = 4$	$\frac{1}{6}(頂点) \times 12 + \frac{1}{2}(面) \times 2 + 3(中心) = 6$ あるいは $\frac{1}{3}$ の部分を単位格子とみなすと $2 (6 \times \frac{1}{3} = 2)$ となる。
配位数(1個の原子に最も近いところにある原子の数)	8	12	12
金属の種類	Li, Na, K, Ba, Crなど	Cu, Ag, Au, Ptなど	Be, Mg, Zn, Coなど

名前を覚えてくださいね。(a)「**体心立方格子**」,(b)「**面心立方格子**」,(c)「**六方最密構造**」となっています。(c)は「**六方最密格子**」と言っている場合もあります。

図4-2
体心立方格子
立方体の中心に原子

図4-3
面心立方格子
面の中心に原子

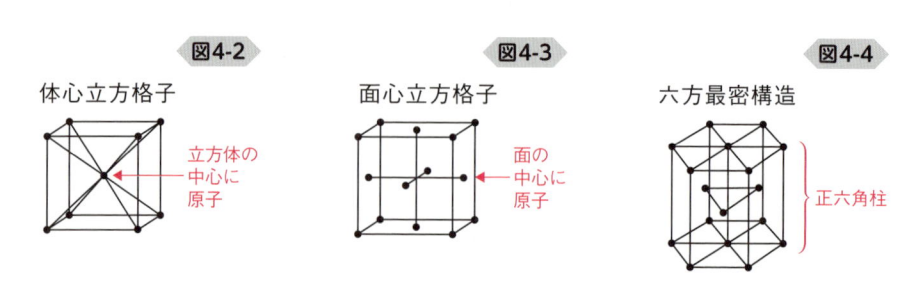

図4-4
六方最密構造
正六角柱

図4-2 を見てください。体心というのは,立方**体**の中**心**に原子が入っているという言葉の意味から,そうよばれます。ですから,体心立方格子。

面心というのは,**面**の中**心** 図4-3 という意味。図の立方体は6面ありますが,それぞれの面の中心のところに原子を含んでいます。だから面心立方格子です。

六方最密構造というのは正六角柱で,あきらかに前の2つとは違っていますね 図4-4 。

さて, 図4-2 ～ 図4-4 では,原子と原子が離れていますが,これは簡略した見取り図だからです。本当は,それぞれ 図4-5 のような形でくっついています。でも一般的には, 図4-2 ～ 図4-4 の形で書かれますので,基本的には同じものだと思って理解してください。

図4-5
体心立方格子　面心立方格子　六方最密構造

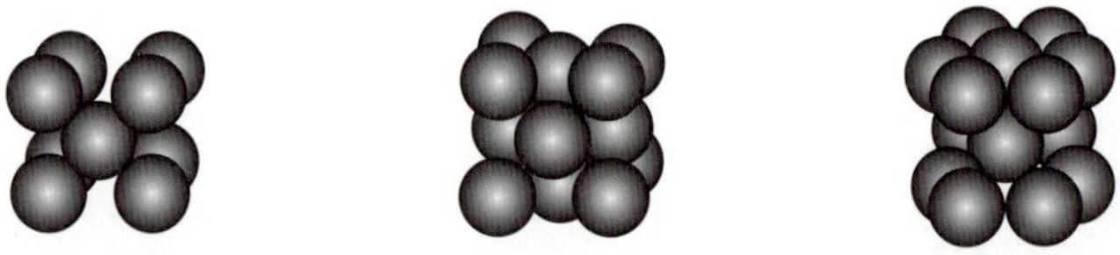

単元 4 結晶格子

• 球の並び方から結晶格子を考える

　体心立方格子について，さきほどは，立方体の中心に球（＝原子）があることから，「体心」といいました。

　ここでは，もう1つ別の見方をしてみましょう。

　体心立方格子では同じ大きさの球が，**4，1，4，1，4**……とずーっとつながっているんですね 連続 図4-6①。「4，1，4」の積み重ねです。

　同じような見方をしますと，面心立方格子は**5，4，5，4，5**……という，「5，4，5」の積み重ねです 連続 図4-6②。

球の並び方に着目！　連続 図4-6

① 体心立方格子
4
1
4

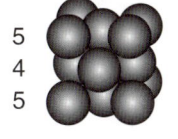

② 面心立方格子
5
4
5

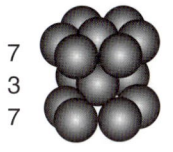

③ 六方最密構造
7
3
7

　六方最密構造は，下の正六角形の真ん中に1個原子を入れますので，7個ですね 連続 図4-6③。そして3個入って，また7個。**7，3，7，3，7**……と，「7，3，7」の積み重ねです。

　応用が効くので，このような見方ができるということを，ぜひおさえておいてください。

4-2 単位格子に含まれる原子数

• 体心立方格子の単位格子

　今見た 連続 図4-6①〜③ のようではなく， 連続 図4-7① のように，

角を立方体に直角に切りそろえた形，これが「単位格子」です。原子は実際は切れません。だから，これはあくまでも数学的な考え方だとご理解ください。そして，図の頂点(赤い部分)に何個分がくっついているかが重要です。これは$\frac{1}{8}$**個分**ですね。

ですから，体心立方格子の中に原子が何個入っているかというと，$\frac{1}{8}$個が上下に4個ずつあって，**中心に1個**あるから，

$$1(中心) + \frac{1}{8}(頂点) \times 8$$
$$= 1 + 1 = 2$$

つまり体心立方格子の単位格子には，**合計2個分の原子が含まれます。**

・面心立方格子の単位格子

同様に面心立方格子ですが，**頂点のところは$\frac{1}{8}$個**，それから**面の真ん中のところに$\frac{1}{2}$個**入っています 連続 図4-7②。

よって，

$$\frac{1}{2}(面) \times 6 + \frac{1}{8}(頂点) \times 8$$
$$= 3 + 1 = 4$$

合計4個の原子を含みます。

単位格子中の原子数は？

連続 図4-7

① 体心立方格子

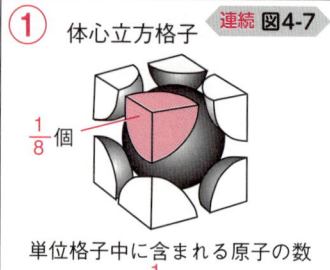

$\frac{1}{8}$個

単位格子中に含まれる原子の数
$1(中心) + \frac{1}{8}(頂点) \times 8$
$= 1 + 1 = 2$

② 面心立方格子

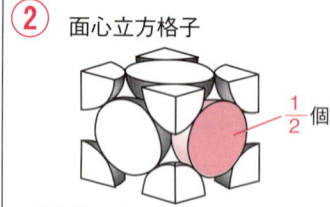

$\frac{1}{2}$個

単位格子中に含まれる原子の数
$\frac{1}{2}(面) \times 6 + \frac{1}{8}(頂点) \times 8$
$= 3 + 1 = 4$

③ 六方最密構造

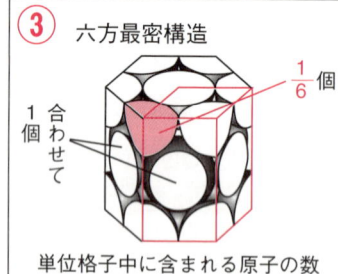

$\frac{1}{6}$個

合わせて1個

単位格子中に含まれる原子の数
$\frac{1}{6}(頂点) \times 12 + \frac{1}{2}(面) \times 2$
$+ 3(中心) = 6$
あるいは$\frac{1}{3}$の部分を単位格子とみなすと
$2 \ (6 \times \frac{1}{3} = 2)$
となる。

・六方最密構造の単位格子

あと，六方最密構造です 連続 図4-7③ 。これは頂点が$\frac{1}{6}$個になります。それが上下合わせて12個あり，上下の**面に$\frac{1}{2}$個**が2つ。それから**中心の3個**は，そのままあると思ってください。すなわち，

$$\frac{1}{6}(頂点) \times 12 + \frac{1}{2}(面) \times 2 + 3(中心) = 6$$

合計6個の原子を含みます。

ところが，図の赤い線で示された，ひし形の部分が単位格子だという見方もあるんです。そうしますと，これは全体のちょうど$\frac{1}{3}$になります。

$$6 \times \frac{1}{3} = 2$$

ひし形を単位格子だと見なすと，2個の原子を含むわけです。

単位格子に含まれる原子数は，「**2，4，6**（体心立方格子，面心立方格子，六方最密構造）」と覚えれば，まず間違えないですよ。

・覚えておくべき具体例（金属結晶）

「単元4 要点のまとめ①」（→151ページ）に金属の種類を挙げていますが，体心立方格子の金属で最初の3つ「Li，Na，K」までは「アルカリ金属」です。センター試験の正誤問題で「アルカリ金属は，すべて体心立方格子の構造をとる」などと出されますが，これは○です。

「すべて」なんて言われると，例外もあるんじゃないかと思うかもしれませんが，**アルカリ金属は，すべて体心立方格子の構造をとるんです。**もちろん金属の単体である場合に限ります。

次の**面心立方格子の金属は，Cu，Ag，Au，Ptで，全部値段の高い金属です。**オリンピックのメダル，金，銀，銅，それと白金ね。

六方最密構造の例は，特に覚える必要はないでしょう。

4-3 イオン結晶の結晶格子

今度はイオン結晶の結晶格子です。イオン結晶は，金属結晶とはちょっと違う。金属結晶は金属単体だったのに対し，イオン結晶というのは金属と非金属の結晶なんです。だから，以下のようになります。

単元 4 要点のまとめ ❷

イオン結晶の結晶格子

イオン結晶の構造は，正負のイオン間のクーロン力が最も有効にはたらくように決まる。代表的なイオン結晶の構造の例を次に示した。

塩化ナトリウム型　　　　　　塩化セシウム型

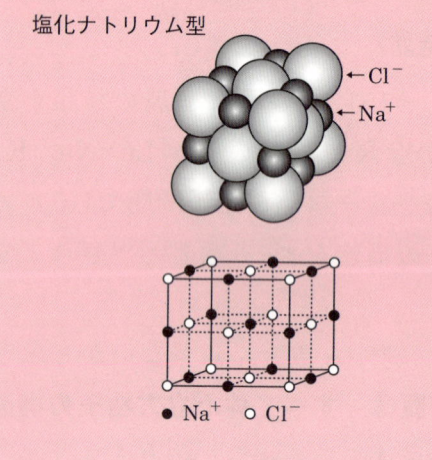

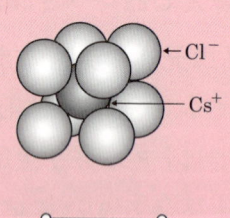

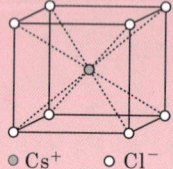

←Cl⁻　　　　　　　　　　　←Cl⁻
←Na⁺　　　　　　　　　　　←Cs⁺

● Na⁺　○ Cl⁻　　　　　　● Cs⁺　○ Cl⁻

塩化ナトリウム型

連続 図4-8① を見てください。これは「塩化ナトリウム型」といいます。●（黒丸）がNa^+で，○（白丸）がCl^-ですが，入れ替えても構いません。たまたま今は●がナトリウムイオンで，○が塩化物イオンになっています。

ここで○について，一番下の段に5個，真ん中の段に4個，それからまた，上の段に5個。すなわち，「5，4，5」という積み重ねです。どこかでこういうの，ありましたよね。そう，**これは面心立方格子ですね**。

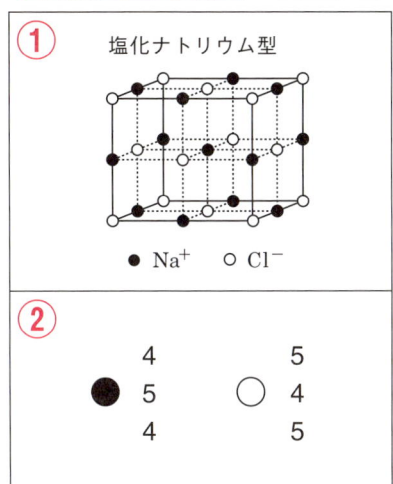

それに対して●は，4，5，4，5……，やっぱりこれも面心立方格子なんです。

ですから，塩化ナトリウムというのは簡単に表現すると 連続 図4-8② のようになり，**ナトリウムイオンと塩化物イオンで，ちょうど面心立方格子のものが組み合わさった構造**なんだとご理解ください。

塩化セシウム型

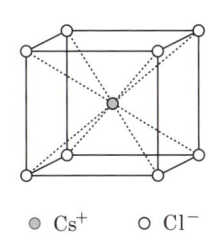

そして，図4-9 の「塩化セシウム型」です。Cs^+ が真ん中に1個入り，Cl^- が上下に4個ずつという形。これは多少，特殊例ですので，軽くおさえておきましょう。

結晶格子の仕組みを理解しよう！

演習問題で力をつける ❼

問 図Aと図Bはそれぞれ金属ナトリウムと金属銅の結晶の単位格子を示したものである。下の問いに答えよ。

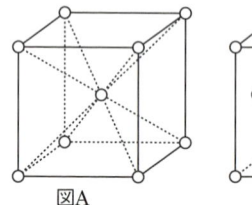

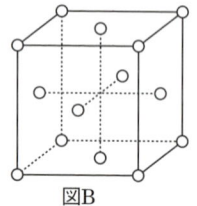

図4-10

図A　　図B

（1）　図Aと図Bの結晶格子の名称は何か。
（2）　図Aと図Bの単位格子を構成している原子の数はそれぞれ何個か。
（3）　図Aと図Bの単位格子で構成される結晶中では、それぞれ1個の原子は他の何個の原子と接しているか、配位数を求めよ。
（4）　銅の密度は9.0g/cm³であり、単位格子の一辺の長さは0.36nmである。銅の原子量を求めよ。
　　　ただし、アボガドロ定数は6.0×10^{23}/molとし、数値は有効数字2桁で答えよ。

さて，解いてみましょう。

(1) さきほど学んだ通りです。

　　図A：**体心立方格子**　　図B：**面心立方格子**

…… (1) の【答え】

(2) これも「2，4，6（体心立方格子，面心立方格子，六方最密構造）」と覚えておけば問題ありませんね（六方最密構造の六と2，4，6の6が一致するので覚えられますね）。

　　図A：**2個**　　図B：**4個** …… (2) の【答え】

単元 4 結晶格子

> **岡野の着目ポイント**
>
> （3） 配位数とは1個の原子に最も近いところにある原子の数のことを言います。図Aの体心立方格子については，さきほど説明したように，たまたま「4，1，4」の部分のみを取り出しただけで，実際には上下左右前後とあらゆる方向に4，1，4，1，4……と連なっています。ですから，どこの原子で考えても，かならず同じ位置関係になります。
>
> 図4-11 に置きかえて考えてみましょう。

　そこでわかりやすいように，図の真ん中にある，赤い原子で考えます。接しているのは上で4つ，下で4つ，合わせて8個なんですね。

　　　　図A：**8** ……　（3）　の【答え】

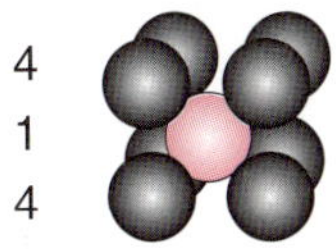

　図Bの面心立方格子も， 図4-12 に置きかえて考えてみましょう。

図4-11
体心立方格子

4
1
4

> **岡野のこう解く**　これは難しいのですが，どこを考えるかというと，**図の赤い原子です**。すると，**下で4つ，そして赤い原子を除く周りの4つ**，さらに面心立方格子の場合，5，4，5，4，5……の積み重ねなので，**上の段で4つ**と接しているはずです。つまり4＋4＋4で12個です。

図4-12
面心立方格子

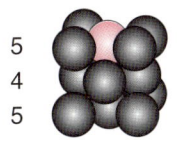

5
4
5

　　　　図B：**12** ……　（3）　の【答え】

　設問にはありませんが，よく問われるので，六方最密構造も考えてみましょうか 図4-13 。これも**図の赤い原子に着目**です。すると，**下で3つ，周りに6つ**，そして，7，3，7，3，7…の積み重ねなので，**上に3つ**。1個の原子は，合計12個（＝3＋6＋3）の原子と接していますので配位数は12です。

図4-13
六方最密構造

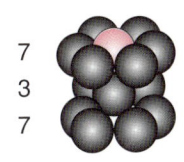

7
3
7

> **岡野のこう解く**
>
> (4) 密度の考え方がポイントになります。要するに、
>
> 密度を 9.0 g/cm^3 とすると <u>1cm^3 が 9.0g である。</u>
>
> ということです。単位を分解するわけです。

> **●岡野の着目ポイント** 1cm^3 あたりで 9.0g なのに対し、単位格子あたりの体積では何gになるのか、という比例式をつくりましょう。

単位をそろえます。$1\text{nm} = 10^{-7}\text{cm}$ なので、$0.36\text{nm} = 0.36 \times 10^{-7}\text{cm}$ です。少し直して、$3.6 \times 10^{-8}\text{cm}$ です。

よって、単位格子の体積は、$(3.6 \times 10^{-8})^3 \text{cm}^3$ ですね。

そして、求めるCuの原子量を x とおき、単位格子あたりのg数(質量)を考えます。原子量にgをつけたら1molの質量でしたね。そして、その中には 6.0×10^{23} 個の原子が含まれます。Cuの単位格子は面心立方格子なので、単位格子中に4個の原子を含みます。よって、単位格子中の4個の原子では □ g あると考えると、

$$x\text{g} : 6.0 \times 10^{23}\text{個} = \square\,\text{g} : 4\text{個}$$

$$\therefore \square = \frac{x \times 4}{6.0 \times 10^{23}}\,\text{g}$$

これが、Cu原子4個分の重さになります。よって、

$$1\text{cm}^3 : 9.0\text{g} = \underbrace{(3.6 \times 10^{-8})^3 \text{cm}^3}_{\text{Cuの単位格子の体積}} : \underbrace{\frac{x \times 4}{6.0 \times 10^{23}}\text{g}}_{\text{Cu原子4個分の重さ}}$$

あとは，この比例式を解いて，

$$\frac{x \times 4}{6.0 \times 10^{23}} = 9.0 \times (3.6 \times 10^{-8})^3$$

$$x ≒ \frac{6.0 \times 10^{23} \times 9.0 \times 46.6 \times 10^{-24}}{4}$$

$$= \frac{6.0 \times 9.0 \times 46.6 \times 10^{-1}}{4}$$

$$≒ 62.9$$

$$≒ \mathbf{63} \quad \cdots\cdots\cdots \text{(4) の【答え】}$$
（有効数字2桁）

　本問では，原子量が問われましたが，他に密度，あるいはアボガドロ数を未知数にするタイプがあります。しかし，「岡野流」で密度の単位を分解して考えると，**同様に公式なしで解けてしまいます！** 自分だけで解けるように，もう一度復習しておくとよいでしょう。

岡野流 必須ポイント ⑦　密度の単位を分解せよ

　単位格子の原子量or密度orアボガドロ数を求めさせる問題では，**密度の単位を分解して考えよ**。

　それでは第4講はここまでです。また次回お会いいたしましょう。なお，確認問題を用意しましたので，どうぞチャレンジしてみて下さい。

確認問題にチャレンジ！

問1 次の(1),(2)の問いに答えよ。原子量は H = 1.0, O = 16, S = 32, Cu = 64, アボガドロ定数を 6.0×10^{23}/mol とする。数値は有効数字2桁で求めよ。

硫酸銅(Ⅱ)五水和物($CuSO_4 \cdot 5H_2O$)5.0g 中に
(1) 水は何分子存在するか。
(2) O原子は何mol存在するか。

問2 ある気体の標準状態における密度は2.86g/Lである。この気体の分子量はいくらか。数字は有効数字3桁で求めよ。

問3 ある金属Mの酸化物1.20gを完全に還元したところ0.87gの金属が得られた。この金属の原子量を56とすると、はじめの酸化物の組成式はどう表されるか。次の解答群の中から適するものを選べ。ただし原子量はO = 16とする。

① MO　　② M_2O　　③ MO_2
④ M_2O_3　　⑤ M_3O_4

問4 エタン C_2H_6 とプロパン C_3H_8 の混合気体がある。この混合気体を標準状態で560mLとり、十分な酸素を加えて、完全燃焼させてたところ、1.62gの水が生成した。燃焼に要した酸素は何gか、有効数字2桁で答えよ。ただし、原子量は H = 1.0, O = 16 とする。

問5 (A)x〔g〕の炭化カルシウム(CaC_2)を十分に水と反応させてアセチレン(C_2H_2)を発生させた。そして(B)このアセチレンを空気中で完全燃焼させた。このとき標準状態で7.28Lの酸素を必要とした。
下線(A)と(B)で起こっている変化は次のとおりである。

(A) $CaC_2 + 2H_2O \longrightarrow Ca(OH)_2 + C_2H_2$
(B) $2C_2H_2 + 5O_2 \longrightarrow 4CO_2 + 2H_2O$

炭化カルシウムの質量 x g を小数第1位まで求めよ。ただし、原子量は Ca = 40, C = 12, H = 1, O = 16 とする。

問6 塩化ナトリウムの結晶の単位格子が右図に示してある。塩化ナトリウムの結晶では、ナトリウムイオン Na^+ と ア Cl^- とが イ 力により3次元的に規則正しく配列している。1個の Na^+ は、最も接近している、ウ 個の Cl^- および エ 個の Na^+ で囲まれている。一辺の長さが 5.6×10^{-8} cm の単位格子の中には、オ 個の Na^+ と カ 個の Cl^- が含まれている。

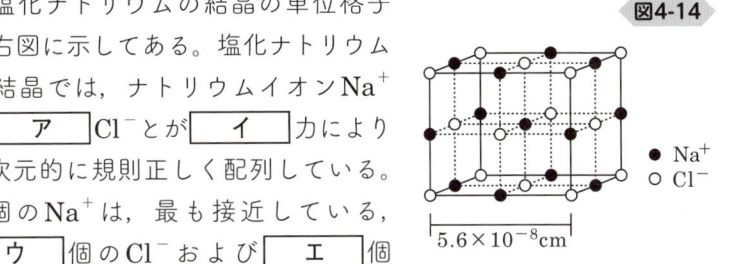

図4-14

● Na^+
○ Cl^-

5.6×10^{-8} cm

Na = 23.0, Cl = 35.5, アボガドロ定数 6.0×10^{23}/mol

(1) 空欄 ア ～ カ に適切な語句あるいは数値を記せ。
(2) この結晶の密度（g/cm³）を小数第1位まで求めよ。

さて、解いてみましょう。

問1 (1)

mol法で解く

まず、$CuSO_4 \cdot 5H_2O$ の式量を求めます。
$CuSO_4 \cdot 5H_2O = 250 (64 + 32 + 16 \times 4 + 5 \times 18 = 250)$ です。
硫酸銅（Ⅱ）五水和物 $CuSO_4 \cdot 5H_2O$ の五水和物とは $5H_2O$ で、「・」は弱い結合で結びついていることを示しています。
この問題は比例法で解くとやや複雑になるので、[公式2]を組み合わせて解くmol法で解いていきます。[公式2] の（Ⅰ） $n = \dfrac{w}{M}$ より 5.0 g の $CuSO_4 \cdot 5H_2O$ の物質量は $\dfrac{5.0}{250}$ mol です。

また、1つの $CuSO_4 \cdot 5H_2O$ の中には H_2O は5個含みます。したがって **H_2O の物質量は、$CuSO_4 \cdot 5H_2O$ の物質量の常に5倍存在します。**

第4講 化学量・化学反応式

$$\boxed{n = \frac{a}{6.0 \times 10^{23}}} \Rightarrow a = n \times 6.0 \times 10^{23}$$ に代入して

$$\underset{\substack{CuSO_4 \cdot 5H_2O \\ のmol数}}{\frac{5.0}{250}} \times \underset{\substack{H_2O の \\ mol数}}{5} \times \underset{\substack{H_2O の個数}}{6.0 \times 10^{23}} = 6.0 \times 10^{22} 個$$

∴ **6.0×10²² 分子** …… 問1(1) の【答え】
(有効数字2桁)

問1(2)

1つの $CuSO_4 \cdot 5H_2O$ の中にはO原子が9個含まれます。したがって，**O原子の物質量は $CuSO_4 \cdot 5H_2O$ の物質量の常に9倍存在します。**

$$\therefore \underset{\substack{CuSO_4 \cdot 5H_2O \\ のmol数}}{\frac{5.0}{250}} \times \underset{\substack{O原子の \\ mol数}}{9} = 0.18 \,\text{mol}$$

∴ **0.18mol** …… 問1(2) の【答え】
(有効数字2桁)

問2 密度は単位を分解して考えます。(161ページの「岡野のこう解く」を参照)

密度2.86g/Lとは1Lが2.86gであるということを表していました。固体でも，気体でも同じように考えられます。

分子量にgをつけた質量が1molですから1molの質量を求めればよい。分子量を x とすると

$$\underset{\substack{1molのある気体のL数とg数}}{22.4\text{L} \quad : \quad x\text{ g}} = 1\text{L} \quad : \quad 2.86\text{g}$$

∴ $x = 2.86 \times 22.4 = 64.06$

≒ 64.1 (単位なし)

∴ **64.1** ………… 問2 の【答え】
(有効数字3桁)

問3 組成式は一番簡単な整数比にした式でした(130ページ参照)。**MとOの原子のmol数の比を求める**ことで組成式は決められます。

原子のmol数は[公式2]の（Ⅰ）$n=\dfrac{w}{M}$に代入します。

$\begin{pmatrix} n：原子のmol数 \\ w：原子のg数 \\ M：原子量 \end{pmatrix}$

酸化物はMとOの質量が次のようになっています。還元とはここでは酸素を取ることです。

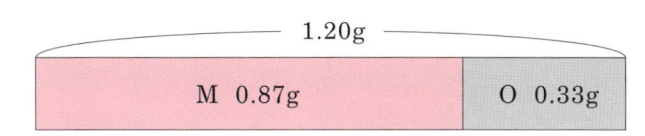

```
        ┌──────── 1.20g ────────┐
        │     M  0.87g    │ O  0.33g │
```

$M：O = \dfrac{0.87}{56}\text{mol} : \dfrac{0.33}{16} = 0.0155\text{mol} : 0.0206\text{mol}$
（一番小さい数で割る）

ここでは0.0155で割ります。

　　＝ 1：1.33

一番簡単な整数比にするために3倍します。

　　∴　3：4

　　　　M_3O_4（組成式）

∴　⑤ ……　問3　の【答え】

問4　まずそれぞれの化学反応式を書いてみましょう。燃焼反応については次の事柄を知っておくと便利です。

岡野流 必須ポイント⑧　燃焼反応で知っておくこと

・C，Hから成る化合物
・C，H，Oから成る化合物

を燃焼（酸素と化合して炎を出して燃えること）するとCO_2とH_2Oを生じる。

　　○C_2H_6 ＋ ○O_2 ⟶ ○CO_2 ＋ ○H_2O

暗算法で係数を決めましょう。C_2H_6を1と決めます。
137ページを参考にして解いてみてください。

第4講 化学量・化学反応式

すると，$1C_2H_6 + \dfrac{7}{2}O_2 \longrightarrow 2CO_2 + 3H_2O$ となります。

物質量の関係から計算問題を解くときには2倍せずにC_2H_6の係数を1としたままの方が楽にできます。

次にC_3H_8の燃焼反応も化学反応式では次のようになります。

$1C_3H_8 + 5O_2 \longrightarrow 3CO_2 + 4H_2O$

混合気体中のエタン（C_2H_6）とプロパン（C_3H_8）をそれぞれx mol, y mol とします。

$$\begin{cases} C_2H_6 + \dfrac{7}{2}O_2 \longrightarrow 2CO_2 + 3H_2O \\ \;\;\;ⓧ\,\text{mol} \quad \dfrac{7}{2}x\,\text{mol} \quad\;\; 2x\,\text{mol} \quad\;\; △3x\,\text{mol} \\ \\ C_3H_8 + 5O_2 \longrightarrow 3CO_2 + 4H_2O \\ \;\;\;\boxed{y}\,\text{mol} \quad 5y\,\text{mol} \quad\;\; 3y\,\text{mol} \quad\;\; ⟨4y⟩\,\text{mol} \end{cases}$$

混合気体の合計の物質量は

$$ⓧ + \boxed{y} = \dfrac{0.56}{22.4}\,\text{mol} \quad\text{―――①}$$

H_2Oの合計の物質量は

$$△3x + ⟨4y⟩ = \dfrac{1.62}{18}\,\text{mol} \quad\text{―――②}$$

①と②を解いて$x,\ y$を求めます。

　①より　$x + y = 0.025$ ―――①′
　②より　$3x + 4y = 0.09$ ―――②′

$$\begin{cases} x = 0.010\,\text{mol}\,(C_2H_6) \\ y = 0.015\,\text{mol}\,(C_3H_8) \end{cases}$$

燃焼に要したO_2のg数は $\boxed{w = nM}$ より（$O_2 = 32$）

$$\left(\dfrac{7}{2}x + 5y\right) \times 32 \Rightarrow \left(\dfrac{7}{2} \times 0.010 + 5 \times 0.015\right) \times 32$$

$$= 3.52 ≒ 3.5\,\text{g}$$

$\quad\therefore$ **3.5g** ………… 問4 の【答え】
　（有効数字2桁）

(注1) C_2H_6をx mol とするとO_2は$\dfrac{7}{2}$倍の$\dfrac{7}{2}x$ mol が反応します。CO_2は2倍の$2x$ mol, H_2Oは3倍の$3x$ mol となります。もしC_2H_6の係数を2倍して

$2C_2H_6 + 7O_2 \longrightarrow 4CO_2 + 6H_2O$ とした化学反応式では O_2 は C_2H_6 の $\dfrac{7}{2}$ 倍であるとすぐに出しにくいです。そこで C_2H_6 の係数を 1 としたままの方が簡単にできるので C_2H_6 の係数を 1 としたのです。

(注2) この問題では 2 つの反応式を 1 本に直してはいけません。

$$C_2H_6 + C_3H_8 + \dfrac{17}{2}O_2 \longrightarrow 5CO_2 + 7H_2O$$

このようにして解くと誤りです。この式で計算すると C_2H_6 と C_3H_8 の係数が共に 1 なので C_2H_6 と C_3H_8 は等しい物質量で反応したことになってしまいます。問題文には等しい物質量だったとは書いてないので，根本から間違ってしまいます。逆に 1 本の式にしなくては解けない問題もあります。次の問 5 でご紹介しましょう。

問5 (A)の反応式で発生したアセチレン(C_2H_2)が燃焼して(B)の反応式になっています。つまり **(A)と(B)のそれぞれの反応式は関連した反応です**。このようなときは 1 本の式に直して計算していきます。

(A)×2＋(B)（C_2H_2 を消去する）

$$
\begin{array}{r}
2CaC_2 + 4H_2O \longrightarrow 2Ca(OH)_2 + \cancel{2C_2H_2} \\
+)\ \cancel{2C_2H_2} + 5O_2 \longrightarrow 4CO_2 \quad\ \ + 2H_2O \\
\hline
2CaC_2 + 4H_2O + 5O_2 \longrightarrow 2Ca(OH)_2 + 4CO_2 + 2H_2O
\end{array}
$$

比例法で解く（解法その1）

CaC_2 と O_2 で「g」と「L」の関係に注目です。

$$\underline{2CaC_2} \quad : \quad \underline{5O_2} \quad (CaC_2 = 64)$$
$$\ \ \text{2mol} \qquad\quad \text{5mol}$$

$$\begin{pmatrix} 2 \times 64\text{g} & & 5 \times 22.4\text{L} \\ x\text{ g} & & 7.28\text{L} \end{pmatrix}$$

$x \times 5 \times 22.4 = 2 \times 64 \times 7.28$

$\therefore\ x = \dfrac{2 \times 64 \times 7.28}{5 \times 22.4} = 8.32$

$\qquad\qquad\qquad\quad ≒ 8.3\text{g}$

$\therefore$ **8.3g** …… **問5** の **【答え】**

比例法で解く（解法その2）

すべてmolの単位に合わせます。

$$\underline{2CaC_2} \quad : \quad \underline{5O_2}$$

$$\begin{pmatrix} 2\text{mol} & & 5\text{mol} \\ \dfrac{x}{64}\text{mol} & \diagdown\!\!\!\diagup & \dfrac{7.28}{22.4}\text{mol} \end{pmatrix}$$

$$\therefore \quad \dfrac{x}{64} \times 5 = \dfrac{7.28}{22.4} \times 2$$

$$\therefore \quad x = \dfrac{7.28 \times 2 \times 64}{22.4 \times 5} = 8.32$$

$$\fallingdotseq 8.3\text{g}$$

∴ **8.3g** …… 問5 の【答え】

mol法で解く（解法その3）

使用するCaC_2の物質量は使用するO_2の物質量の$\dfrac{2}{5}$倍です。求めたいのはCaC_2のg数なので【公式2】の（Ⅱ）と【公式2】の（Ⅰ）を変形して

$$\boxed{n = \dfrac{V}{22.4}} \quad と \quad \boxed{n = \dfrac{w}{M} \Rightarrow w = nM} \quad に代入する$$

$$\underline{\dfrac{7.28}{22.4}} \times \underline{\dfrac{2}{5}} \times \underline{64} = 8.32 \fallingdotseq 8.3\text{g}$$

　O_2の　　CaC_2の　CaC_2の
　mol数　　mol数　　g数

∴ **8.3g** …… 問5 の【答え】

問4と問5の問題では問4は2つの化学反応式を1本の式にしてはいけない例でした。問5は逆に1本の式にしないとできない例でした。どうぞこの2つの問題からその使い方の違いを理解してください。

問6（1）

ア　Cl^-は塩化物イオンですね。

　塩化物イオン …… ア の【答え】

イ　は陽イオンと陰イオンの引力なのでクーロン力ですね。

　クーロン …… イ の【答え】

|ウ| ●Na$^+$は6個の○Cl$^-$で囲まれています 図4-15 。ちなみにこの6という数字がNaClの配位数です。軽く知っておいて下さい。

図4-15

　　　6 …… |ウ| の【答え】

|エ| ●Na$^+$は12個の●Na$^+$で囲まれています。

　図4-14（163ページ）より●Na$^+$だけに注目すると，下の段で4個，真ん中の段で5個，上の段で4個ありますので，面心立方格子の構造になっています。面心立方格子の場合，1個の原子は12個の原子と接していました。151，159ページを参考にしてください。

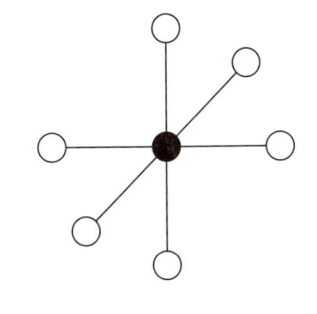

　　∴　12 …… |エ| の【答え】

|オ| ●Na$^+$は面心立方格子の構造なので，単位格子内に4個のイオンが存在します。

　　　4 …… |オ| の【答え】

|カ| 図4-14（163ページ）より○Cl$^-$だけに注目すると下の段で5個，真ん中の段で4個，上の段で5個ありますので，面心立方格子の構造になっています。したがって，単位格子内に4個のイオンが存在します。

　　　4 …… |カ| の【答え】

|オ|と|カ|が4個になる計算方法をそれぞれ示します。

　次ページの 図4-16 のように辺の中心の赤いところは$\frac{1}{4}$個分です。

　図4-17 の●に注目すると辺の中心が12か所あり，立方体の中心が1か所あります。

　したがって，

$$\frac{1}{4}（辺の中心）\times 12 + 1（立方体の中心）= 4個$$

となるのです。辺の中心が$\frac{1}{4}$個分になることを知っておいてください。

| カ | は $\frac{1}{2}$（面の中心）× 6 ＋ $\frac{1}{8}$（頂点）× 8 ＝ 4 個

（153 ～ 154 ページを参照してください。）

図4-16　　　　　　　　　図4-17

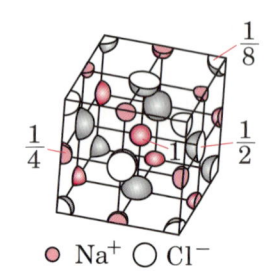

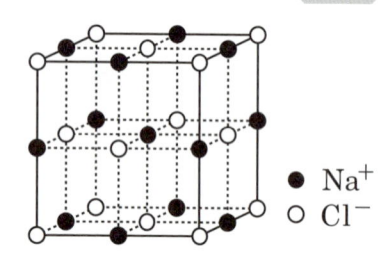

● Na⁺　〇 Cl⁻

問6 (2) 密度を求める問題です。

密度を x g/cm³ とすると 1cm³ が x g です。

NaClの式量は58.5です。

　NaCl 4個分の重さを下に示します。

　6.0×10^{23} 個：58.5 g ＝ 4 個：y g

　∴　$y = \dfrac{58.5 \times 4}{6.0 \times 10^{23}}$ g

　∴　1cm³ ： x g ＝ $\underline{(5.6 \times 10^{-8})^3 \text{cm}^3}$ ： $\underline{\dfrac{58.5 \times 4}{6.0 \times 10^{23}} \text{g}}$

　　　　　　　　　　　　　NaClの単位格子の体積　　　NaCl 4個分の重さ

Na⁺とCl⁻は共に4個含まれます。

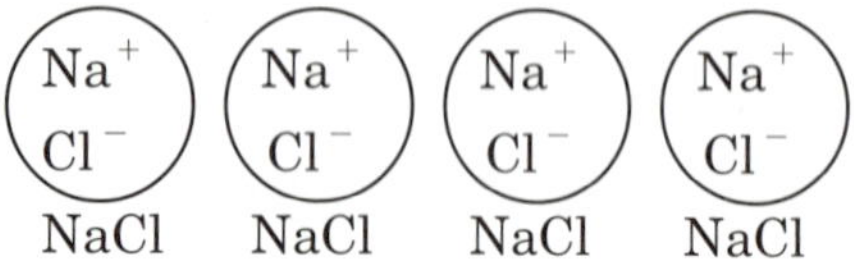

（Na⁺/Cl⁻）NaCl　（Na⁺/Cl⁻）NaCl　（Na⁺/Cl⁻）NaCl　（Na⁺/Cl⁻）NaCl

したがって，単位格子中に4個のNaClが含まれます。
決して8個としてはダメですよ。
あとは，この比例式を解いて，

$$x \times (5.6 \times 10^{-8})^3 = \dfrac{58.5 \times 4}{6.0 \times 10^{23}}$$

　∴　$x ≒ \dfrac{58.5 \times 4}{6.0 \times 10^{23} \times 1.756 \times 10^{-22}} = 2.22 ≒ 2.2$

　∴　**2.2g/cm³** …… 問6 (2) の【答え】

第 5 講

溶液・固体の溶解度

単元1 溶液の濃度
単元2 固体の溶解度

第 5 講のポイント

　こんにちは。今日は第 5 講「溶液・固体の溶解度」についてやります。まずは濃度の単位をしっかり理解しましょう。固体の溶解度は，4 つの間で比例関係が成り立つことに注意しましょう。

単元1 溶液の濃度

濃度に関する内容というのは，入試にもよく出てまいりますので，ていねいにいきましょう。

1-1 溶液は溶媒と溶質からなる

本講「単元2 固体の溶解度」のところでも出てくる言葉ですが，液体に他の物質が均一に溶けてできたものを「**溶液**」といい，その溶けている物質を「**溶質**」，溶かしている液体を「**溶媒**」といいます。要するに「溶液」というのは「溶媒＋溶質」なのです。

具体例を挙げて，溶質，溶媒，溶液の関係を見てみます。

	食塩水	塩酸	硫酸	硝酸
溶質	食塩	塩化水素	(純)硫酸	(純)硝酸
溶媒	水	水	水	水
溶液	食塩水	塩酸	(濃/希)硫酸	(濃/希)硝酸

「食塩水」の場合はいいですね。溶質は「食塩」，溶媒は「水」，溶液は「食塩水」です。

・「塩酸」は「水」と「塩化水素」の混合溶液

「塩酸」の場合は，溶質は「塩化水素」，溶媒は「水」，溶液は「塩酸」となっています。

「塩化水素」とは，HとClが共有結合で結びついた極性分子を指します。一方，「塩酸」というのは，水と塩化水素の混合物（混

合溶液)を指します。すなわち,「塩酸＝水＋塩化水素」であり,HClだけのものではありません。**しかし化学式では,「塩化水素」と「塩酸」は両方とも "HCl" と書くので注意しましょう。**「『塩酸』の溶質は何ですか？」と問われたら,「塩化水素」という気体が答えになります。

•「硫酸」は,溶質も溶液も「硫酸」

今度は「硫酸」です。「『硫酸』の溶質は何か？」とたずねると,「『塩酸』が『塩化水素』だから,『硫酸』は『硫化水素』だ！」と答えてしまう人は結構多いのです。**しかし,これは誤りです。**

表のように,溶質も溶液も「硫酸」なんです。純粋なものを「純硫酸」,水(溶媒)で溶かしたものを「濃硫酸」や「希硫酸」といった言い方で区別してくれる場合もありますが,どれも単に「硫酸」と書かれる場合があるので,要注意です。

よって,**問題文に「硫酸」と書いてあれば,前後関係から「純粋な硫酸」か,あるいは「水溶液としての硫酸」かを判断しなければなりません。**

•「硝酸」も「硫酸」と同じパターン

「硝酸」に関しては,全部「硫酸」と同じパターンの考え方です。左ページの表でチェックしておきましょう。

単元 1 要点のまとめ ❶

溶液＝溶媒＋溶質

液体に他の物質が均一に溶けてできたものを**溶液**といい,溶けている物質を**溶質**,溶かしている液体を**溶媒**という。

1-2 質量パーセント濃度

次に，溶液の濃度を表す尺度をいくつか紹介していきましょう。

まずは「**質量パーセント濃度**」です。これは，溶液に対する溶質の質量の割合をパーセントで表したもので，溶液100gあたりに溶けている溶質の質量(g)を表します。例えば20％溶液と書いてある場合には，溶液100g中に溶質が20g溶けているということです。

重要！

$$質量パーセント濃度(\%) = \frac{溶質の質量(g)}{溶液(=溶媒+溶質)の質量(g)} \times 100$$

要するに濃さを決めていくわけです。溶液100gに溶質20gが溶けているものと，同じく溶液100gに溶質40gが溶けているものがあったとします。どっちが濃いでしょう？ 当然，40g溶けているほうが濃いですね。このようにして比較していく尺度を，質量パーセント濃度というわけです。

1-3 モル濃度

次は「**モル濃度**」です。これは溶液1Lあたりに溶けている溶質の物質量(mol)を表します。

重要！
$$モル濃度(mol/L) = \frac{溶質の物質量(mol)}{溶液の体積(L)}$$

例えば，溶液1L中に溶質1molが溶けているものと，同じく溶液1L中に溶質3molが溶けているものとでは，どちらが濃いかという考え方です。当然，3mol溶けているほうが濃い。このような尺度から測る濃度を，モル濃度といいます。

単元 1 要点のまとめ ❷

質量パーセント濃度（％）

溶液に対する溶質の質量の割合をパーセントで表したもので，溶液100gあたりに溶けている溶質の質量（g）を表す。

☆ 質量パーセント濃度（％）
$$= \frac{溶質の質量（g）}{溶液（＝溶媒＋溶質）の質量（g）} \times 100$$ ―［公式3］

モル濃度（mol/L）

溶液1Lあたりに溶けている溶質の物質量（mol）を表す。

☆ $$モル濃度(mol/L) = \frac{溶質の物質量（mol）}{溶液の体積（L）}$$ ―［公式4］

1-4 電解質と非電解質

ここで「**電解質**」，「**非電解質**」という言葉をおさえます。水に溶けるとイオンに分かれる現象を「**電離**」といい，電離する物質を「電解質」といいます。それに対して「非電解質」は，水に溶けてもイオンに分かれない物質です（尿素，エタノール，ショ糖，ブドウ糖など）。

単元 1　要点のまとめ ❸

電解質と非電解質

電解質…水に溶けるとイオンに分かれる現象を**電離**といい，電離する物質を**電解質**という。

非電解質…水に溶けてもイオンに分かれない物質（エタノールや尿素）。

演習問題で力をつける ❽
質量パーセント濃度とモル濃度の公式をしっかり確認せよ！

問 次の問いに答えよ。数値は有効数字2桁で求めよ。

(1) 尿素（CO(NH$_2$)$_2$ 分子量60）12.0gを水400gに溶かした水溶液の質量パーセント濃度を求めよ。

(2) グルコース（C$_6$H$_{12}$O$_6$ 分子量180）9.0gを水に溶かして500mLにした水溶液のモル濃度を求めよ。

(3) 濃度36.5%の濃塩酸（HCl分子量36.5）の密度は1.19g/cm^{3}である。この濃塩酸のモル濃度を求めよ。

さて，解いてみましょう。

(1) これは質量パーセント濃度を求めます。

$$\text{質量パーセント濃度（\%）} = \frac{\text{溶質の質量（g）}}{\text{溶液（＝溶媒＋溶質）の質量（g）}} \times 100 \quad \text{――［公式3］}$$

> **岡野の着目ポイント** 溶液と溶質のg数を［公式3］に代入します。このとき溶液が溶媒＋溶質の質量であることに注意しましょう。

溶質（尿素）…12.0g
溶液（尿素溶液）…400 ＋ 12.0 ＝ 412g

$$\therefore \frac{12.0\text{g}}{412\text{g}} \times 100 = 2.91 ≒ \mathbf{2.9\%} \quad \cdots\cdots \text{(1) の【答え】}$$
（有効数字2桁）

(2) モル濃度の公式をしっかりおさえてください。

$$\text{モル濃度（mol/L）} = \frac{\text{溶質の物質量（mol）}}{\text{溶液のL数}} \quad \text{――［公式4］}$$

> **岡野の着目ポイント**　「溶液」と「L」という部分に注意して代入します。(2)は非常に基本的な問題なので，比例関係の式をつくっても簡単に解けます。しかし，問題が複雑になると，比例関係ではわかりづらくなる。そういうときには，むしろ公式に代入してしまったほうがラクです。

$$\frac{\frac{9.0}{180}\text{mol}}{0.50\text{L}} = 0.10\text{mol/L}$$ …… (2) の【答え】
（有効数字2桁）

mol数は，[公式2] $n = \dfrac{w}{M}$ を使えばいいですね。

(3)　密度の値を用いてモル濃度を求める問題です。

> **岡野の着目ポイント**　モル濃度の公式の分母の「**溶液のL数**」ですが，1Lとすると計算はラクになります。もちろん，ほかの値，例えば100mL（0.1L）を使っても，同じように解答はでますが，めんどうな計算になります。

次に溶液1L中に含む純HCl（溶質）のmol数を求めます。
$\boxed{1\text{L} = 1000\text{mL}}$ と $\boxed{1\text{cm}^3 = 1\text{mL}}$ の関係は知っておきましょう。

密度を使って1Lの溶液の質量（g）が求められます。密度は単位を分解して考えるんでしたね。**1.19g/cm³ とは1cm³が1.19g** であるので
　　$1\text{cm}^3 : 1.19\text{g} = 1000\text{cm}^3 : x\text{ g}$
　　∴　$x = 1.19 \times 1000 = 1190\text{g}$（溶液）
この中に36.5％の純HClを含むので，
その物質量は $\dfrac{1190 \times 0.365}{36.5} = 11.9\text{mol}$

よって，

　　モル濃度 $= \dfrac{\text{溶質の物質量（mol）}}{\text{溶液のL数}} = \dfrac{11.9\text{mol}}{1\text{L}}$
　　　　　　$= 11.9 \fallingdotseq$ **12mol/L** …… (3) の【答え】
　　　　　　（有効数字2桁）

単元2 固体の溶解度

　固体の溶解度です。固体が溶媒（水）に溶けるときの法則を説明していきます。ほとんどの場合，温度が高いほど固体は水に溶け易くなります。

2-1 固体の溶解度

　固体の場合，「溶解度」という言葉は次のようにとらえます。

> 一定量の溶媒（水）に溶ける溶質の量には一定の限度があり，この限度を溶解度という。固体の溶解度は一般に，**溶媒100gに溶ける溶質の質量をグラム単位で表す。**

　ここで「溶媒」というのは，「水」です。「**溶媒100g**」というところをしっかりチェックして，覚えておきましょう。これは試験で書かれていない場合があるからです。

・飽和溶液

　そして，溶質が溶解度に達するまで溶けていて，これ以上溶質が溶けきれなくなった溶液を「飽和溶液」といいます。簡単に言うと，**上澄み液**のことです。コーヒーに砂糖を5杯とか入れてしまうと，溶け切れずに下にたまっちゃうでしょう。それの上澄み液が飽和溶液です。

　だから，下にたまった砂糖の重さまでを質量に入れてはいけません。上澄み液の重さが飽和溶液の質量なんです。

・再結晶

溶解度の差を利用して，不純物を含む固体から純粋な結晶を得る方法を「再結晶」といいます。言葉と意味を知っておきましょう。

2-2 溶解度の問題の解法

溶解度の計算問題では，**次の4つの間の比例関係**を利用すれば解けます。

これは公式ではありませんよ。方法を理解することが大切です。

まず「①**飽和溶液の質量**」，すなわち，さきほど言った上澄み液の質量です。

それから「②**飽和溶液中の溶媒の質量**」，これはその上澄み液中の溶媒（水）の質量です。

「③**飽和溶液中の溶質の質量**」，やはり上澄み液中に溶けている溶質の質量です。

「④**温度差による析出量**」，一定量の溶媒（水）に溶ける溶質は，温度を下げることで一部溶け切れなくなり**析出**（固体が出てくること）してきます。このとき析出する質量です。

この辺りは，次の演習問題で試してみましょう。その前に，本講 2-1, 2-2 で学んだことをまとめます。

単元 2　要点のまとめ ❶

固体の溶解度

溶解度…一定量の溶媒（水）に溶ける溶質の量には一定の限度があり，この限度を溶解度という。固体の溶解度は一般に，**溶媒100g**に溶ける溶質の質量をグラム単位で表す。

飽和溶液…溶質が溶解度に達するまで溶けていて，これ以上溶質が溶けなくなった溶液を飽和溶液という。

再結晶…溶解度の差を利用して，不純物を含む固体から純粋な結晶を得る方法。

岡野流必須ポイント ❾　溶解度は4つの比例関係で解く！

溶解度の問題では，次の4つの間で比例関係が成り立つことを利用して解くことができる。
① 飽和溶液の質量 (g)
② 飽和溶液中の溶媒の質量 (g)
③ 飽和溶液中の溶質の質量 (g)
④ 温度差による析出量 (g)

演習問題で力をつける ❾
温度差による析出量を求めてみよう！

問 右の図は，硝酸カリウムと塩化ナトリウムの水に対する溶解度（水100gに溶ける溶質の質量 (g)）の温度による変化を示している。硝酸カリウムの溶解度は，塩化ナトリウムが溶けていても変わらないものとして答えよ。
塩化ナトリウム3gを含む，60℃の硝酸カリウム飽和水溶液423gがある。この溶液を19℃まで冷却したとき，析出する硝酸カリウムの質量 (g) はいくらか。
（センター／選択肢省略）

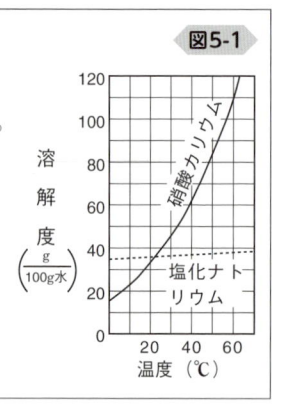

図5-1

さて，解いてみましょう。

図5-1 のように，溶解度の温度変化を表すグラフを，溶解度曲線といいます。そして注意点として，塩化ナトリウムは溶けていても影響しないとあります。硝酸カリウムだけが溶けていたと考えて計算すればいいわけです。

4つの間の比例関係でどれを使うかは，はじめての人はなかなか見当がつかないでしょう。何回も問題を解いて慣れていくしかありません。

> **岡野の着目ポイント**

まず 図5-1 を見てください。60℃で水100gに硝酸カリウム（KNO_3）は110gまで溶けます 連続 図5-2①。これを19℃に冷却すると，同じ量の水100gに30gまでしか溶けないことが，同じく 図5-1 よりわかります。そうすると，ここで溶けきれなくなった量が析出してくるんです 連続 図5-2②。

110 − 30 = 80g析出

析出量をチェックしよう！

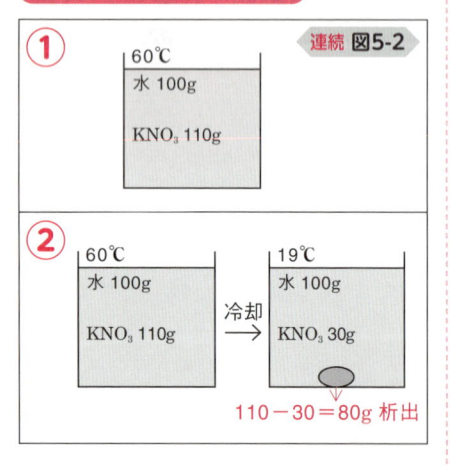

連続 図5-2

① 60℃ 水100g KNO_3 110g

② 60℃ 水100g KNO_3 110g → 冷却 → 19℃ 水100g KNO_3 30g
110 − 30 = 80g 析出

単元 2 固体の溶解度　183

> 🖊 **岡野のこう解く**　本問を「岡野流」で解けば「①飽和溶液の質量」:「④温度差による析出量」で比例関係を使います。問題文の「飽和水溶液423g」, 「60℃→19℃」などの記述から, 見当をつけます。

そこで, 連続 図5-2② において, まずグラフから読みとったときの「①飽和溶液の質量」:「④温度差による析出量」は,

(100 ＋ 110)g : (110 － 30)g

そして, 飽和溶液を423gにしたら, 何g析出するのでしょうか？　というのが問題です。ただし423gには, 塩化ナトリウムを3g含むので, それを抜いてやったものが硝酸カリウムだけの飽和溶液の質量です。よって, 求める硝酸カリウムの析出量をxgとおくと,

$$60℃ \quad ① : ④ \;(溶液:析出量)$$
$$\sim 19℃ \quad (100+110)\text{g} : (110-30)\text{g} = (423-3)\text{g} : x\text{g}$$
$$\therefore \; \overset{1}{210}\text{g} : 80\text{g} = \overset{2}{420}\text{g} : x\text{g} \quad \therefore \; x = \mathbf{160\text{g}} \cdots\cdots 【答え】$$

別解（一般的な解法）

あるいは, まず飽和溶液423g中のKNO₃の質量（xgとおく）と水の質量を求めます。

① : ③（溶液：溶質）

60℃ 　(100 ＋ 110)g : 110g ＝ (423 － 3)g : xg

∴　$x = 220$g（KNO₃）

よって, 420 － 220 ＝ 200g（水）

次に19℃に温度を下げたときに析出する質量をygとすると, 連続 図5-2③ のようになり,

② : ③（溶媒：溶質）

19℃ 　100g : 30g
　　　＝ 200g : (220 － y)g

∴　$y = \mathbf{160\text{g}}$ ……【答え】

連続 図5-2 の続き

③
19℃
水 200g
KNO₃ 220－y
→yg 析出

比例関係がわかりましたか？　もう一度この2つの解法を復習するといいでしょう。今日はここまでです。なお, 確認問題を用意しましたので, どうぞチャレンジしてみて下さい。

確認問題にチャレンジ！

問1 市販されている濃硫酸は濃度98％，密度1.84g/cm³である。これを水でうすめて1.0mol/Lの希硫酸を調製したい。次の問いに答えよ。

ただし原子量は，H＝1.0，O＝16.0，S＝32.0とし，数値は有効数字2桁で求めよ。

(1) 市販されている濃硫酸のモル濃度はいくらか。
(2) 1.0mol/Lの希硫酸500mLを調製するには何mLの濃硫酸をうすめればよいか。

問2 シュウ酸二水和物$H_2C_2O_4・2H_2O$ 63.0gを水に溶かして1Lにすると，密度1.02g/cm³の水溶液が得られる。

この水溶液について，次の問いに答えよ。ただし，原子量はH＝1.0，C＝12，O＝16とし，数値は有効数字2桁で求めよ。

(1) 質量パーセント濃度はいくらか。
(2) モル濃度は何mol/Lか。

問3 硫酸銅（Ⅱ）五水和物（$CuSO_4・5H_2O$）を正確にはかりとり，メスフラスコを用いて0.500mol/Lの硫酸銅（Ⅱ）水溶液を500mL調製した。このとき硫酸銅（Ⅱ）五水和物が何g必要か。ただし原子量はH＝1.0，O＝16.0，S＝32.0，Cu＝64とし，数値は有効数字3桁で求めよ。

問4 塩化カリウムの水に対する溶解度（水100gに溶ける溶質の最大質量（g）の数値）は20℃で34.2，80℃で51.3である。次の各問いに答えよ（有効数字3桁）。

(1) 80℃における飽和溶液50gを20℃に冷却すると，何gの塩化カリウムが析出するか。
(2) 20℃における飽和溶液100gを温度を上げて水10gを蒸発させ，ふたたび温度を20℃まで下げると，何gの塩化カリウムが析出するか。

問5 図5-3は，硝酸カリウムの溶解度と温度の関係を示す。55gの硝酸カリウムを含む60℃の飽和水溶液をつくった。この水溶液の温度を上げて，水の一部を蒸発させたのち，20℃まで冷却したとこ

ろ，硝酸カリウム41gが析出した。蒸発した水の質量〔g〕はいくらか。最も適当な数値を下の①～⑤のうちから一つ選べ。

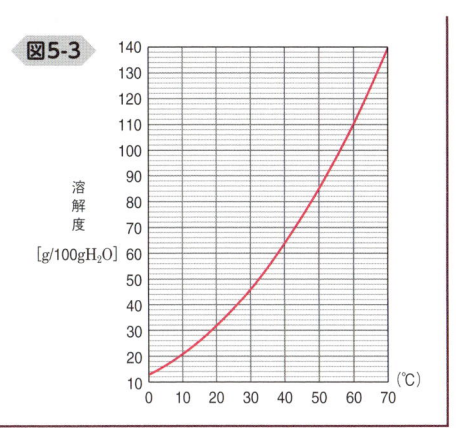

① 3 ② 6
③ 9 ④ 12
⑤ 14

図5-3

さて，解いてみましょう。

問1（1） 濃硫酸の体積を1Lとして考えます。

純硫酸（純H_2SO_4）の質量は**図5-4**のグレーの部分のところで1840×0.98gです。

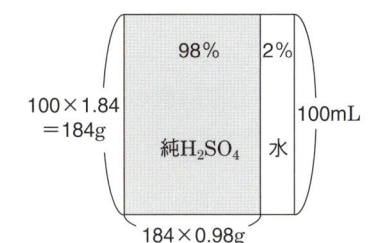

図5-4

[公式4] モル濃度 = 溶質のmol数 / 溶液のL数

に代入します（$H_2SO_4 = 98$）。

[公式2] $n = \dfrac{w}{M}$ より

$$\therefore \dfrac{\dfrac{1840 \times 0.98}{98} \text{mol}}{1\text{L}} = 18.4$$

$\fallingdotseq$ **18mol/L** …… 問1（1）の【答え】
（有効数字2桁）

このとき体積を1Lではなく100mLで考えたとしても同じ結果が得られます。

[公式4]に代入すると

$$\therefore \dfrac{\dfrac{184 \times 0.98}{98} \text{mol}}{0.1\text{L}}$$

図5-5

$= 18.4 ≒ \mathbf{18 mol/L}$ …… 問1(1) の【答え】
(有効数字2桁)

　分母を1Lにした方が計算が楽なので，このような問題では体積を1Lと考えます。

問1(2)　必要な濃硫酸を x mLとします。

　このとき，**水を加える前と後では純H$_2$SO$_4$（溶質）の物質量が等しいことに注目します**。

　純硫酸の質量は 図5-6 のグレーの部分のところで $1.84x × 0.98$ g です。

図5-6

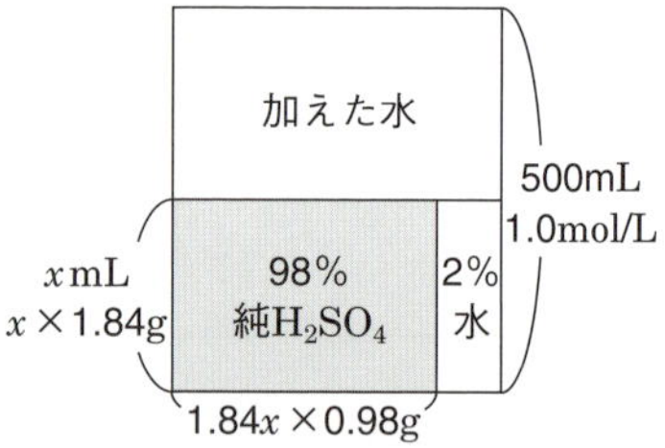

加えた水
500mL
1.0mol/L
x mL　98%　2%
$x × 1.84$g　純H$_2$SO$_4$　水
$1.84x × 0.98$g

　ここで溶液中の溶質のmol数を求める公式を紹介します。

$$溶質のmol数 = \frac{CV}{1000} mol \quad \begin{pmatrix} C：溶液のモル濃度 \\ V：溶液のmL数 \end{pmatrix}$$

──────［公式8］

　水を加える前の純H$_2$SO$_4$の物質量は $\dfrac{1.84x × 0.98}{98}$ mol です。水を加えた後の純H$_2$SO$_4$の物質量は［公式8］に代入して $\dfrac{1.0 × 500}{1000}$ mol です。これらが等しい物質量になっているので，

$$\underbrace{\frac{1.84x × 0.98}{98} mol}_{うすめる前} = \underbrace{\frac{1.0 × 500}{1000} mol}_{うすめた後}$$

$x = 27.17 ≒ \mathbf{27 mL}$ …… 問1(2) の【答え】
(有効数字2桁)

別解

　問1(1)で濃硫酸のモル濃度が求まっているので，［公式8］に代入すると，計算が楽になります。

$$\underbrace{\frac{18.4 × x}{1000} mol}_{うすめる前} = \underbrace{\frac{1.0 × 500}{1000} mol}_{うすめた後}$$

$$x = 27.17 ≒ \underline{27\text{mL}}$$ …… 問1 (2) の【答え】
（有効数字2桁）

$\dfrac{CV}{1000}$ mol がなぜ成り立つか少し説明してみましょう。

C の単位は mol/L です。$\dfrac{V}{1000}$ は V mL を 1000 で割っているので L の単位を示します。

したがって，mol/L × L ＝ mol となり，$\dfrac{CV}{1000}$ は mol 数を表しています。

問2 (1)　シュウ酸二水和物 $H_2C_2O_4·2H_2O$ の「·」は H_2O の2分子が弱い結合で結びついていることを示しています。例えば加熱したり，水を加えて溶解すると H_2O は切れて分かれていきます。このことを化学反応式で示すと次のようになります。

$$\underset{1\text{mol}}{H_2C_2O_4·2H_2O} \xrightarrow{\text{溶解}} \underset{1\text{mol}(\text{溶質})}{H_2C_2O_4} + \underset{\text{溶媒の一部となる}}{2H_2O} \text{──}①$$

ここで溶質は $H_2C_2O_4$ であることを覚えておいてください。
$H_2C_2O_4·2H_2O$ が溶質ではありません。
では，この溶液の質量パーセント濃度を求めてみましょう。
まず，$H_2C_2O_4·2H_2O$ 63.0g 中の $H_2C_2O_4$（溶質）の質量(g)を求めます。

$$\underset{90}{H_2C_2O_4} · \underset{36}{2H_2O} = 126$$

$H_2C_2O_4·2H_2O$ が 126g あるとき，$H_2C_2O_4$ は 90g 含まれています。
　　$H_2C_2O_4·2H_2O$ ：$H_2C_2O_4$
　　126g ： 90g ＝ 63.0g ： x g
　∴　$x = \dfrac{90 × 63.0}{126} = 45\text{g}$（溶質）

次に溶液 1L の質量を求めます。$\begin{pmatrix}1\text{L} = 1000\text{mL} \\ 1\text{mL} = 1\text{cm}^3 = 1\text{cc}\end{pmatrix}$

密度 1.02g/cm³ とは 1cm³ が 1.02g であることを示しますので
　　1cm³ ： 1.02g ＝ 1000cm³ ： y g
　∴　$y = 1000 × 1.02 = 1020$g（溶液）

これらの値を **[公式3]** に代入してみましょう。

$$\boxed{\text{質量パーセント濃度（\%）}=\frac{\text{溶質の g 数}}{\text{溶液の g 数}}\times 100}\quad\text{——［公式3］}$$

$$\therefore\ \frac{45\text{g}}{1020\text{g}}\times 100 = 4.41 \fallingdotseq 4.4\%\ \cdots\cdots\ \text{問2 (1)}\ \text{の【答え】}$$
(有効数字2桁)

問2 (2) モル濃度を求めます。［公式4］に代入して求めます。

$$\boxed{\text{モル濃度（mol/L）}=\frac{\text{溶質の mol 数}}{\text{溶液の L 数}}}\quad\text{——［公式4］}$$

$$\therefore\ \frac{\frac{45}{90}\text{mol}}{1\text{L}} = 0.50\text{mol/L}\ \cdots\cdots\ \text{問2 (2)}\ \text{の【答え】}$$
(有効数字2桁)

別解

問2の問題は(1)のところで $H_2C_2O_4$（溶質）の質量が計算されていました。しかし問題によっては(1)がなくて，いきなり(2)の問題が出題される場合もあります。このようなときは次の解き方をすると速く，楽に解けます。①の式をもう一度見てみましょう。

$$\underset{1\text{mol}}{1H_2C_2O_4\cdot 2H_2O} \xrightarrow{\text{溶解}} \underset{1\text{mol（溶質）}}{1H_2C_2O_4} + 2H_2O \quad\text{——①}$$

この式から $H_2C_2O_4\cdot 2H_2O$ と $H_2C_2O_4$（溶質）が常に等しい**物質量**であることがわかります。つまり，$H_2C_2O_4$（溶質）の質量を計算せずに求めることができます。

$H_2C_2O_4\cdot 2H_2O$ の mol 数は

$$\frac{63.0}{126} = 0.50\text{mol}\quad (H_2C_2O_4\cdot 2H_2O = 126)$$

よって，モル濃度 $=\dfrac{0.50\text{mol}}{1\text{L}} = 0.50\text{mol/L}\ \cdots\cdots\ \text{問2 (2)}\ \text{の【答え】}$
(有効数字2桁)

問3 硫酸銅（Ⅱ）五水和物（$CuSO_4\cdot 5H_2O$）の場合も問2でやったシュウ酸二水和物のときと同様です。

$$\underset{1\text{mol}}{1CuSO_4\cdot 5H_2O} \xrightarrow{\text{溶解}} \underset{1\text{mol（溶質）}}{1CuSO_4} + \underset{\text{溶媒の一部となる}}{5H_2O}$$

【公式4】に代入して解きます。求めたいのは0.50mol/Lの溶液を500mLつくるときに必要なCuSO₄·5H₂Oの質量(g)です。
　求めたい質量はCuSO₄(溶質)ではなく，CuSO₄·5H₂Oです。
　CuSO₄·5H₂OとCuSO₄(溶質)は常に等しい物質量で存在するので，CuSO₄·5H₂Oの物質量を【公式4】にそのまま代入してかまいません。
　求めたいCuSO₄·5H₂Oをx gとします。

$$\boxed{CuSO_4}\underbrace{\cdot 5H_2O}_{90} = 250$$
　　160

500mLは0.500Lです。

$$\therefore\ 0.500\text{mol/L} = \frac{\dfrac{x}{250}\text{mol}}{0.500\text{L}}$$

$\therefore\ x = 0.500 \times 0.500 \times 250 =$ **62.5g** …… 問3 の【答え】
　　　　　　　　　　　　　　　　(有効数字3桁)

問4(1)　析出するKClをx gとします。

図5-7

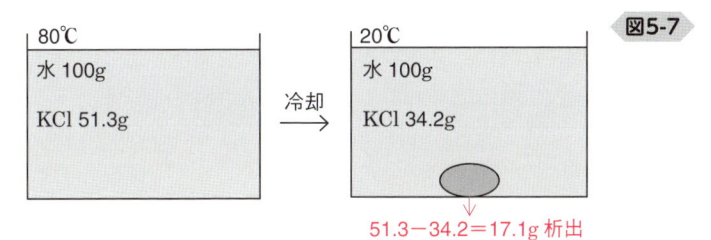

80℃　水 100g　KCl 51.3g　→冷却→　20℃　水 100g　KCl 34.2g

51.3−34.2＝17.1g 析出

　溶解度の問題では180ページの4つの間で比例関係が成り立ちました。ここでは溶液①と温度差による析出量④で考えます。

　　　　　　　　溶液　　　：　析出量
80℃〜20℃　(100＋51.3)g　：　17.1g　＝　50g　：　x g

$\therefore\ x ≒$ **5.65g** …………… 問4(1) の【答え】
　　　　(有効数字3桁)

問4(2)　飽和溶液100gから10gの水が蒸発したので，水10gに溶けていた溶質が析出してきます。

　　　　溶媒　：　溶質
20℃　100g　：　34.2g　＝　10g　：　x g

∴ $x = $ **3.42g** …………… 問4(2) の【答え】
（有効数字3桁）

　飽和溶液の100gの数値は必要ありませんでした。この問題がもし500gの飽和溶液であったとしても同様に水10gに溶けていた溶質が析出してきますので，3.42gが解答になります。

問5　初めに60℃で硝酸カリウムを55g含む飽和溶液をつくるときに必要な水の質量を求めます。グラフより60℃の溶解度が110gです。

　　　　　溶媒 ： 溶質
　60℃　100g : 110g = x g : 55g

∴　$x = \dfrac{100 \times 55}{110} = 50$ g

次に蒸発した水の質量をy gとして求めます。

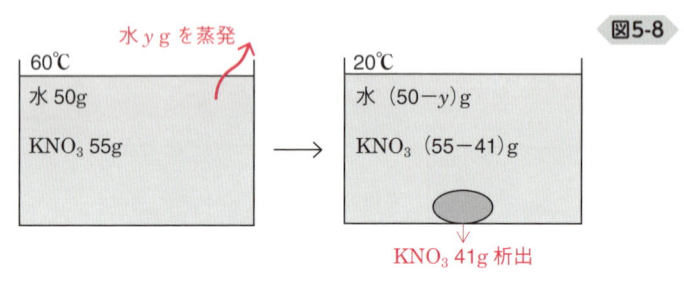

図5-8

60℃
水 50g
KNO_3 55g

水y gを蒸発

20℃
水 (50−y)g
KNO_3 (55−41)g

KNO_3 41g 析出

グラフより20℃の溶解度を読み取りますと32gです。

　　　　　溶媒 ： 溶質
　20℃　100g : 32g = (50−y)g : (55−41)g

∴　$32(50 − y) = 100 \times 14$

　　$50 − y = \dfrac{100 \times 14}{32} = 43.75$

∴　$y = 6.25$ g

∴　② …… 問5 の【答え】

第 6 講

酸と塩基

単元 1	酸・塩基
単元 2	水素イオン濃度と pH
単元 3	中和反応と塩
単元 4	指示薬と中和滴定

第 6 講のポイント

今日は第 6 講「酸と塩基」についてやります。酸・塩基の概念を正しく理解すれば，計算問題もこわくありません。頻出ポイントをていねいにおさえていきましょう！

単元1 酸・塩基

まず「酸・塩基」とは何か？ その定義から入っていきましょう。

1-1 酸・塩基の定義

酸・塩基の定義は2種類あって，「アレニウス（1859～1927）」という人と，「ブレンステッド（1879～1947）」という人がそれぞれ定義づけました。

「**アレニウスの定義**」では，

$$\text{酸は}H^+\text{を出す物質，塩基は}OH^-\text{を出す物質}$$
$$(\text{アレニウスの定義})$$

とされています。これが一般的によく言われている酸と塩基の定義ですが，狭い意味での定義です。一方，「**ブレンステッドの定義**」では，

$$\text{酸は}H^+\text{を与える物質，塩基はそれ}(H^+)\text{を受け取る物質}$$
$$(\text{ブレンステッドの定義})$$

こちらはもっと広い意味での定義です。それぞれ例を見てみましょう。

・アレニウスの定義の例

$$HCl \longrightarrow H^+ + Cl^- \qquad NaOH \longrightarrow Na^+ + OH^-$$
　　（酸）　　　　　　　　　　　　　（塩基）

この場合，「酸」というのはHClで，水に溶けて電離し，H^+を生じます。「塩基」はNaOHで，水に溶けてOH^-を生じます。

・ブレンステッドの定義の例

$$CH_3COOH + H_2O \underset{逆反応}{\overset{正反応}{\rightleftarrows}} CH_3COO^- + H_3O^+$$
　（酸）　　　（塩基）

※ H_3O^+ をオキソニウムイオンという。

今度はブレンステッドの例ですが，CH_3COOH が「酸」，H_2O が「塩基」になります。「水が塩基だ」などといったら，「キミ，気でもくるったか?!」と言われそうですね（笑）。でもこの場合，水が塩基になりえるのです。

なぜならば，

正反応　CH_3COOH は H^+ を与えて CH_3COO^- になるので**酸**である。
　　　　　H_2O は H^+ を受け取って H_3O^+ になるので**塩基**である。

おわかりですね。結局，「**H^+を他に与える物質を酸**」，「**H^+を受け取る物質を塩基**」と定義する限り，このようになるのです。逆反応においては，

逆反応　CH_3COO^- は H^+ を受け取って CH_3COOH になるので**塩基**である。
　　　　　H_3O^+ は H^+ を与えて H_2O になるので**酸**である。

このようなことが言えるわけです。

第6講 酸と塩基

単元 1 要点のまとめ ❶

酸・塩基の定義

	アレニウスの定義（狭義）	ブレンステッドの定義（広義）
酸	水に溶けて H^+ を出す物質	H^+ を他に与える物質
塩基	水に溶けて OH^- を出す物質	H^+ を受け取る物質

・酸・塩基の価数

あとは言葉として覚えてください。酸・塩基1molが電離したとき生じる H^+ または OH^- の物質量（mol）を，その**酸・塩基の価数**といいます。例えば硫酸は，

$$H_2SO_4 \longrightarrow 2H^+ + SO_4^{2-}$$

となり，1molの H_2SO_4 から2molの H^+ が生じるので，2価の酸ということになります。

・電離度と酸・塩基の強弱

電離度とは，要するに電離する割合のことであり，酸と塩基の強弱というのは，この電離度が大きいか小さいかなんです。電離度がほぼ1である酸・塩基を強酸・強塩基といい，電離度が1よりかなり小さい酸・塩基を弱酸・弱塩基といいます。

電離度1というのは，100％電離するということです。例えば，塩化水素の分子が100個ありました。水に溶かしたら，そのうち100個が全部イオンに分かれました。この場合には，電離度1です。それに対して酢酸の場合は，100個の酢酸分子があったら，約1個しかイオンに分かれていきません。電離度は約1％です。こういう場合は，弱酸というのです。

単元 1 要点のまとめ ❷

酸・塩基の価数

酸，または塩基1molが電離したときに生じる，H^+またはOH^-の物質量（mol）を価数という。

酸・塩基の強弱

電離度…溶かした電解質の全物質量に対する，電離した物質量の割合。濃度が低くなるにつれて大きくなる。

酸・塩基の強弱…電離度がほぼ1である酸・塩基を**強酸・強塩基**といい，電離度が1よりかなり小さい酸・塩基を弱酸・弱塩基という。

価数	酸（Acid）		価数	塩基（Base）	
1価	**HCl**	塩化水素 又は塩酸	1価	**NaOH**	水酸化ナトリウム
	HNO₃	硝　酸		**KOH**	水酸化カリウム
	CH₃COOH	酢　酸		NH₃	アンモニア
				($NH_3 + H_2O \rightleftarrows NH_4^+ + OH^-$)	
2価	**H₂SO₄**	硫　酸	2価	**Ca(OH)₂**	水酸化カルシウム
	H₂CO₃ ($H_2O + CO_2$)	炭　酸		**Ba(OH)₂**	水酸化バリウム
	($H_2O + CO_2 \rightleftarrows 2H^+ + CO_3^{2-}$)			Cu(OH)₂	水酸化銅（Ⅱ）
	H₂SO₃	亜硫酸	3価	Al(OH)₃	水酸化アルミニウム
	(COOH)₂ 又はH₂C₂O₄	シュウ酸		Fe(OH)₃	水酸化鉄（Ⅲ）
	H₂S	硫化水素			
3価	H₃PO₄	リン酸			

赤字は強酸，強塩基（アルカリ金属，アルカリ土類金属の水酸化物は強塩基，その他は弱塩基である。）

前ページの表において，左側が酸で，特に赤字が強酸です。

強酸は3つ，塩酸・硝酸・硫酸と覚えておいてください。 他にもありますが，特によく出題されるのはこの3つです。それ以外の酸は，すべて弱酸だと思えばいいです。

それから塩基の場合は，強塩基が4つ挙げてあります。水酸化ナトリウム，水酸化カリウム，水酸化カルシウム，水酸化バリウムです。こちらは酸と違って，次のようにきっちりと分けられるのです。

> アルカリ金属，アルカリ土類金属の水酸化物は強塩基，
> その他は弱塩基である。

ここをしっかりと覚えておきましょう。

単元 2 水素イオン濃度とpH

純粋な水や水溶液中に含まれている水素イオンの濃度から，ある定義を使うと酸性，塩基性の度合いを知ることができます。さてこの定義とは？

2-1 水の電離とイオン積

純粋な水は，ごくわずかですが，次のように電離しています。

$$H_2O \rightleftarrows \underset{1.0 \times 10^{-7} mol/L}{H^+} + \underset{1.0 \times 10^{-7} mol/L}{OH^-}$$

水素イオン，水酸化物イオン，それぞれのモル濃度を水素イオン濃度，水酸化物イオン濃度といい，25℃のとき測定すると，両方とも1.0×10^{-7}mol/Lという値を示します。化学ではモル濃度を表す記号として[ ]を使っていて，[H^+]と[OH^-]の積は，水のイオン積（一般にK_wで表される）とよばれます。すなわち，

$$\begin{aligned}K_w &= [H^+][OH^-] \\ &= 1.0 \times 10^{-7} \times 1.0 \times 10^{-7} \\ &= 1.0 \times 10^{-14} \, (mol/L)^2\end{aligned}$$ ───［公式6］

水のイオン積は，温度が一定であれば，純粋な水の場合だけでなく，一般に酸や塩基の水溶液でも一定に保たれます。このことを利用して水のイオン積は濃度のわからない[H^+]や[OH^-]を求めるときに使います。例えば[OH^-]が1.0×10^{-2}mol/Lのとき，[H^+]は1.0×10^{-12}mol/Lと計算できるのです。

2-2 pH

　そして，酸性とか塩基性の度合いを客観的に表すのに，**pH**（水素イオン指数）という数値をよく用います。

　つづけて 図6-1 を見てください。

図6-1

←強 酸性 弱→　　中性　　←弱 塩基性 強→

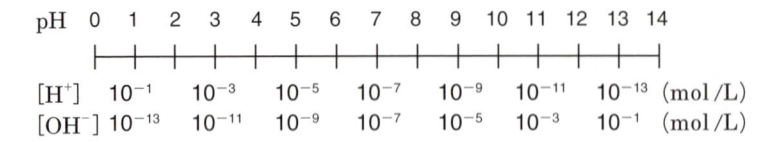

pH	0	1	2	3	4	5	6	7	8	9	10	11	12	13	14
$[H^+]$		10^{-1}		10^{-3}		10^{-5}		10^{-7}		10^{-9}		10^{-11}		10^{-13}	(mol/L)
$[OH^-]$		10^{-13}		10^{-11}		10^{-9}		10^{-7}		10^{-5}		10^{-3}		10^{-1}	(mol/L)

　pHの値が7より小さいものを酸性，7より大きいものを塩基性といいます。7の値に近づくほど，酸性も塩基性も弱くなり，7から遠ざかるほど，酸性も塩基性も強くなります。さらに 図6-1 において，$[H^+]$と$[OH^-]$をかけたものが，常に1.0×10^{-14}になることを確認しておきましょう。

　pHの値は$[H^+]$の濃度で決まります。例えば$[H^+] = 10^{-③}$ mol/LのときはpH＝③になります。また，$[H^+] = 10^{-⑪}$mol/LのときはpH＝⑪になります。

単元 2 要点のまとめ ❶

水素イオン濃度と pH

水の電離式…$H_2O \rightleftarrows H^+ + OH^-$

水のイオン積

☆
$$K_w = [H^+][OH^-] \\ = 1.0 \times 10^{-7} \times 1.0 \times 10^{-7} \\ = 1.0 \times 10^{-14} \, (mol/L)^2$$
——[公式6]

pH…酸性，塩基性の度合いを数値で表すもの。

pHの値が**7よりも小さいものを酸性，7よりも大きいものを塩基性**という。

例えば$[H^+] = 10^{-④}$ mol/L のときは pH =④になる。
$[H^+] = 10^{-⑬}$ mol/L のときは pH =⑬になる。

単元 3 中和反応と塩

酸と塩基は、「**中和反応**」を起こして「**塩**」と水を生じます。塩は、酸の陰イオンと塩基の陽イオンからなる化合物です。もう1つの考え方として、塩は、**酸の水素原子が金属原子やNH_4^+と、一部あるいは全部が置きかわった化合物**という見方もあります。

3-1 中和反応

では、中和反応の例を挙げてみましょうか。

$$HCl + NaOH \longrightarrow \underset{(塩)}{NaCl} + H_2O$$

$$H_2SO_4 + 2NaOH \longrightarrow \underset{(塩)}{Na_2SO_4} + 2H_2O$$

単元 3 要点のまとめ ❶

中和反応

酸と塩基から塩と水を生じる反応、または酸から生じる水素イオンH^+と、塩基から生じる水酸化物イオンOH^-から、水H_2Oが生じる反応を**中和反応**という。

ここで注意！ 中和と中性が似ていると思って、勘違いする人がいるのですが、**中和と中性は違います！**

pHがちょうど7のときに中性というのですが、**中和が完了した時点は、中性の場合もあれば、酸性や塩基性の場合もある**のです。

3-2 塩の加水分解

　中和した生成物（水と塩）が，酸性や塩基性を示す場合があるのはなぜでしょう？　それは，塩の中には電離して水と反応し，一部がもとの酸や塩基にもどるものがあるからです。これを「**塩の加水分解**」といいます。

例：①酢酸ナトリウム

$$CH_3COONa + H_2O \rightleftarrows CH_3COOH + NaOH$$

　ここでCH_3COONa（塩）と$NaOH$（強塩基）は完全に電離しますがH_2OとCH_3COOH（弱酸）は電離しないと考えます。

∴ $CH_3COO^- + Na^+ + H_2O \rightleftarrows CH_3COOH + Na^+ + OH^-$

∴ $CH_3COO^- + H_2O \rightleftarrows CH_3COOH + \underline{OH^-}$
　　　　　　　　　　　　　　　　　　　　　塩基性

②塩化アンモニウム

$$NH_4Cl + H_2O \rightleftarrows NH_4OH + HCl$$

　ここでNH_4Cl（塩）とHCl（強酸）は完全に電離しますがH_2OとNH_4OH（弱塩基）は電離しないと考えます。

∴ $NH_4^+ + \cancel{Cl^-} + H_2O \rightleftarrows NH_3 + \underbrace{H_2O + H^+}_{H_3O^+} + \cancel{Cl^-}$

∴ $NH_4^+ + H_2O \rightleftarrows NH_3 + \underline{H_3O^+}$
　　　　　　　　　　　　　　　　　　酸性

　強酸と強塩基から生じる塩は，一般に加水分解しないので，水溶液は中性を示します。塩の水溶液が，中性，酸性，塩基性のいずれを示すのか，次ページに狙われやすいものを紹介しておきましょう。

単元 3 要点のまとめ ❷

塩の加水分解

電離した塩が水と反応し，塩の一部がもとの酸や塩基にもどって塩基性や酸性を示す現象を**塩の加水分解**という。

水に溶解させたときの塩の液性

①強酸と強塩基からできた塩は中性

　　$NaCl$，Na_2SO_4，KNO_3，$Ca(NO_3)_2$ など

　ただし，例外として $NaHSO_4$ は酸性である。

②弱酸と弱塩基からできた塩はほぼ中性

　　$(NH_4)_2CO_3$，CH_3COONH_4 など

③強酸と弱塩基からできた塩は酸性

　　NH_4Cl，$CuSO_4$，$FeCl_3$ など

④弱酸と強塩基からできた塩は塩基性（アルカリ性）

　　CH_3COONa，Na_2CO_3，$NaHCO_3$ など

単元 4 指示薬と中和滴定

ここでは「**中和滴定**」の操作法や「**指示薬**」の選び方，計算の仕方などをわかりやすく説明します。入試に大変出題されるところです。

4-1 中和滴定

中和反応を利用して，濃度のわかっていない酸（または塩基）の水溶液の濃度を求める操作を「**中和滴定**」といいます。

入試問題では，方程式にして，いろいろなところを未知数にして出題されます。

• 中和滴定の器具と操作

では，図6-2 を見てください。この図は大変重要なので，みなさんもイメージできるようにしてください。

図6-2

ビュレット
水酸化ナトリウム水溶液
ホールピペット
コニカルビーカー
濃度不明の酢酸

表面張力により形成される三日月形の液面をメニスカスといい、この**最下端**の目盛りを読みとる。

中和滴定に用いられる器具とその操作

まず,「**ホールピペット**」です。真ん中のところが膨れているでしょう。そこが特徴です。

それから「**コニカルビーカー**」。コニカルビーカーには,**注ぎ口がついています**。似ているものに「**三角フラスコ**」がありますが,これには口がついていないので注意しましょう。

そして「**ビュレット**」です。コックがついていて,**中和が完了したときまでに滴下された体積（mL）を正確に測りとる器具**です。**ビュレットの目盛りは**,液面の周りが表面張力でポコッと上がっていますが,**一番下の目盛りを読みとります**。

4-2 指示薬

酸と塩基を中和滴定するときに,例えば,下のコニカルビーカーに酢酸を入れておき,上からビュレットを用いて水酸化ナトリウムを加えるとします。そうした場合,酢酸も無色だし,水酸化ナトリウムも無色だから,いつ中和点（中和が完了する時点）に達したのかがわかりません。これでは困りますね。

そこで,中和点を調べるものとして,指示薬が必要なのです。すなわち,「**指示薬**」とは,中和点まで試薬を加えたことを示すもので,中和点で急激に色が変化するものを選びます。

入試で出題される指示薬は,「**フェノールフタレイン**」と「**メチルオレンジ**」のほぼ2つだけです。フェノールフタレインは無色から赤。そのときのpHはだいたい8～10くらいと大雑把に覚えておけばいいです。メチルオレンジは,赤から黄色でだいたい3～4ぐらいです。

指示薬の**名前**,**色の変化**,**（漠然と）その時のpHの数値**,この**3点**をおさえておきましょう。

フェノールフタレイン

　フェノールフタレインは，pH8.3まで無色です。要するに，8.3より手前のほう8.2とか7〜0，非常に強い酸性の部分まで全部無色です。ところが，8.4を超えたころから，色がちょっと変わる。薄い赤または淡赤色，淡紅色という言い方をしています。その薄い赤になったときに，ちょうど8.3〜10.0あたりのpHになるんです。この時点で，中和滴定を終了します。つまり，変色域は塩基性です。

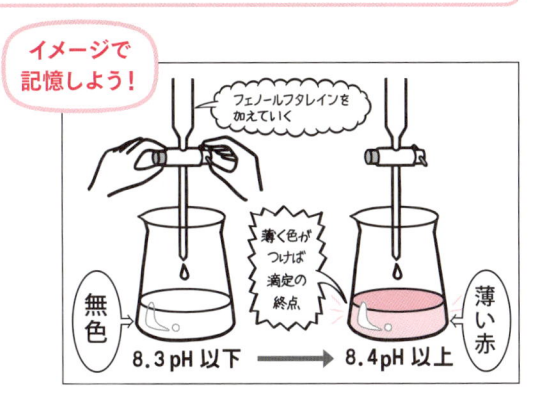

メチルオレンジ

　今度，メチルオレンジの場合は，3.1よりも小さいところ，2とか1，0，非常に酸性の強いところは赤色です。ところが3.2，3.3，3.4…，この辺りは黄色と赤色の中間色の橙色です。それで，4.4になると黄色になって，それより大きいpHの値だと，完全に黄色になります。変色域は酸性です。

　2つの指示薬の赤と赤が，対角線の位置関係にあると覚えておけば，混乱しなくてすむでしょう。

4-3 どの指示薬を使うか？

のちほど詳しく扱いますが，滴定にともなう溶液のpHの変化を表した曲線を「滴定曲線」といいます。そして，強酸を強塩基で滴定した場合は，図6-3のようになります。

図6-3

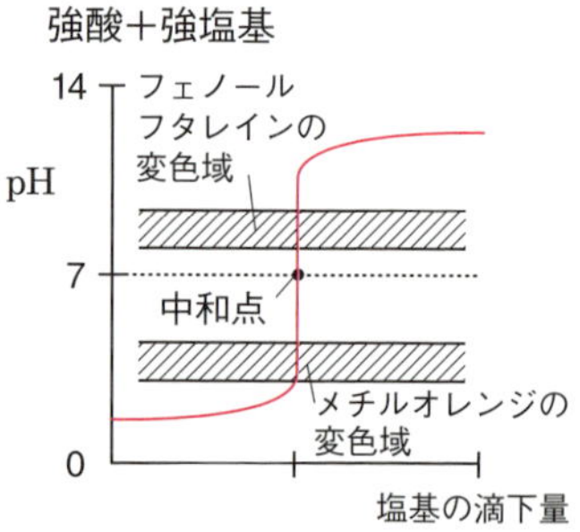

強酸＋強塩基

強酸・強塩基の場合は，中和点でpHの値がだいたい3から11に急変していますので，**フェノールフタレインとメチルオレンジのどちらを使っても構いません**。中和点はpHの変化（グラフの垂直の部分）の真ん中をとりますので，中性になります。

弱酸・強塩基の場合は，中和点が中性にはなりません。強いほうの性質が残り，中和点が弱塩基性になってしまいます。弱塩基性のところで色が変わってくれるものを選ばなくてはいけないので，**フェノールフタレインが使われるのです**。

逆に**強酸・弱塩基の場合は**，中和が完了するときは弱酸性です。よって，だいたいpH3〜4ぐらいの間で変化するようなものということで，**メチルオレンジを使います**。

では，4-1〜4-3で学んだことをまとめておきましょう。

単元 4 要点のまとめ ❶

中和滴定

中和反応を利用して，濃度のわかっていない酸（または塩基）の水溶液の濃度を求める操作を**中和滴定**という。

指示薬

指示薬は中和点まで試薬を加えたことを示すものであるから，中和点で急激に色が変化しないといけない。したがって，指示薬は滴定曲線の垂直部分に変色域がくるものを用いなければならない。

　　強酸と強塩基の中和　→　フェノールフタレインまたは
　　　　　　　　　　　　　　メチルオレンジ
　　弱酸と強塩基の中和　→　フェノールフタレイン
　　強酸と弱塩基の中和　→　メチルオレンジ

　　フェノールフタレイン　　無 ──── 赤
　　　　　　　　　　　　　　　8.3　　10.0
　　メチルオレンジ　　　　　　赤 ──── 黄
　　　　　　　　　　　　　　　3.1　　4.4

では，演習問題にいきましょう。

演習問題で力をつける ⑩
反応式不要の解法もマスターせよ！(1)

> **問** 濃度のわからない硫酸10mLを，0.10mol/Lの水酸化ナトリウム水溶液で中和したら，8.7mLを要した。この硫酸の濃度は何mol/Lか。

本問は，中和滴定で濃度のわからない酸の濃度を調べる操作です。これを2つの解法で解いてみます。

📖 さて，解いてみましょう。

解法1：酸と塩基の物質量の関係を利用（反応式が必要）

1つ目の解法は，酸と塩基の物質量の関係から求める方法です。ポイントは，**"反応式が必要"** だということです。硫酸と水酸化ナトリウムの反応式は，

$$\underset{2H^+,\ SO_4^{2-}}{H_2SO_4} + \underset{2Na^+,\ 2OH^-}{2NaOH} \longrightarrow Na_2SO_4 + 2H_2O$$

式は覚えるのではなく，自分でつくれるようにしておきましょう。イオンに分けて考えればいいですね。そして化学反応式の量的関係から，硫酸と水酸化ナトリウムは1mol：2molの割合で反応することがわかります。

> **✎ 岡野のこう解く** ここで，次の公式を確認しておきます。
>
> $$\boxed{溶質の物質量 (\text{mol}) = \frac{CV}{1000}\ \text{mol}} \quad\text{[公式8]}$$
>
> （C：モル濃度　V：溶液の**mL**数）
>
> 第5講でも出てきましたが，Vの単位が**mLであることに注意しましょう**。今，硫酸のモル濃度をx mol/Lとすると，硫酸の物質量は，$\dfrac{x \times 10}{1000}$ molとなります。さらに水酸化ナトリウムの物質量は，$\dfrac{0.10 \times 8.7}{1000}$ molですね。

化学反応式の量的関係は，第4講でやりました。g数・気体のL数・個数・mol数の4つの間で比例関係が成り立ちます。この中和滴定の問題では，まずmol数とmol数で比較することを考えれば，間違いないです。

整理すると，

$$\underline{H_2SO_4} : \underline{2NaOH}$$

$$\left(\begin{array}{cc} 1\,mol & 2\,mol \\ \dfrac{x \times 10}{1000}\,mol & \dfrac{0.10 \times 8.7}{1000}\,mol \end{array} \right)$$

対角線の積がちょうど等しくなるという，あの考え方です。久しぶりなので，途中式をつくると，

$$1\text{mol} : 2\text{mol} = \frac{x \times 10}{1000}\text{mol} : \frac{0.10 \times 8.7}{1000}\text{mol}$$ですね。

$$\therefore \quad \frac{x \times 10}{1000} \times 2 = \frac{0.10 \times 8.7}{1000} \times 1 \quad\text{―――――Ⓐ}$$

$$\therefore \quad x = 0.0435 \fallingdotseq \textbf{0.044mol/L} \cdots\cdots 【答え】$$

これがオーソドックスなやり方です。

▌解法2：H⁺の物質量＝OH⁻の物質量（反応式は不要）

　もう1つのやり方は，**酸から生じるH⁺と塩基から生じるOH⁻の物質量が等しくなるようにして求める方法です**。こちらのほうが絶対スピーディーです。ただ，はじめてだととまどうかもしれませんので，じっくりいきますよ。ポイントは**"反応式は不要"**という点です。

> **岡野の着目ポイント** 解法を示すために，まず「酸が出すH^+の物質量（mol）」について考えていきます。硫酸は次のようにイオンに分かれています。

$$H_2SO_4 \longrightarrow 2H^+ + SO_4^{2-}$$

このとき，**水素イオンの係数2を価数といいます**。例えば，硫酸が1molあったら水素イオンは2mol生じます。では，4molの硫酸があったら，水素イオンは何mol生じるでしょう？ 4×2（価数）で，8mol生じますね。

$$H_2SO_4 \longrightarrow 2H^+ + SO_4^{2-}$$
　　1mol　　　　2mol
　　4mol　　　　8mol

すなわち，

酸が出すH^+のモル数 ⇒ 酸のモル数×価数

ということが言えます。要するに，酸のmol数に価数をかけたものが水素イオンのmol数であるという公式です。

塩基のほうも同様です。

例えば水酸化バリウム（$Ba(OH)_2$）は下の反応式で水酸化物イオンが2mol生じるので2価の塩基です。水酸化バリウムが3molあったら，水酸化物イオンは，3×2（価数）で，6mol生じます。

$$Ba(OH)_2 \longrightarrow Ba^{2+} + 2OH^-$$
　　1mol　　　　　　2mol
　　3mol　　　　　　6mol

すなわち，

塩基が出すOH^-のモル数 ⇒ 塩基のモル数×価数

ここまでよろしいですね？

そうすると，H^+とOH^-から水が生成するから，これらがぴったり同じ**mol数になると，中和反応は過不足なく起こります**。

H_2SO_4はH^+が2個だから2価の酸，NaOHはOH^-が1個だから1価の塩基です。よって，

酸が出すH^+のモル数 ＝ 塩基が出すOH^-のモル数
（H_2SO_4　2価の酸）　　　　（NaOH　1価の塩基）

酸のモル数 → $\dfrac{x \times 10}{1000} \times 2$ ＝ $\dfrac{0.10 \times 8.7}{1000} \times 1$ ← 塩基のモル数 —Ⓑ

　　　　　　　　価数　　　　　　　　　価数
　　　　　H^+のモル数　　　　　OH^-のモル数

∴　$x = 0.0435 ≒ $ **0.044mol/L** ……【答え】

　今，反応式を全く使わなかったでしょう。でも，どちらの解法でも立てる式は結果的に同じになるんですね（Ⓐ式とⒷ式は全く同じです）。**解法2**は，はじめてではちょっと難しいかもしれませんが，慣れてくると一瞬にして解答が出せるので，大変便利です。2つの解法をまとめておきます。

単元 4　要点のまとめ ❷

中和反応の量的関係

解法1：反応式を書いて，係数比＝物質量比により計算する。
解法2：酸と塩基がちょうど中和したときには，

酸が出すH^+の物質量（mol）＝塩基が出すOH^-の物質量（mol）
　　　↓　　　　　　　　　　　　　　　　　↓
　酸の物質量（mol）×価数　　　**塩基の物質量（mol）×価数**

酸または塩基の価数…酸または塩基1molが電離したとき生じるH^+またはOH^-の物質量（mol）をいう。

演習問題で力をつける ⑪
反応式不要の解法もマスターせよ！(2)

問 うすい酢酸水溶液Aの濃度を知るために，その10.0mLをとって0.100mol/L水酸化ナトリウム水溶液Bで中和滴定したい。この実験について，次のa～fに答えよ。

a　Aを10.0mL入れるためのコニカルビーカーまたは三角フラスコは，純水でよく洗った後，どのようにして使用すればよいか。次の①～⑤のうちから，最も適当なものを一つ選べ。
　① 清潔な布またはろ紙で，内部をよくふいてから使用する。
　② 火の上にかざすか，熱風を当てて，よく乾かしてから使用する。
　③ 少量ずつのAで数回すすいでから，ぬれたまま使用する。
　④ 少量ずつのAで数回すすいでから，火の上にかざすか，熱風を当ててよく乾かしてから使用する。
　⑤ 純水でぬれたまま使用する。

b　コニカルビーカーまたは三角フラスコに，Aを正確に10.0mLとるのに最も適した器具とその名称を，それぞれの解答群①～⑦のうちから一つずつ選べ。ただし，器具の容量は，適当な大きさのものを選ぶことができるものとする。

　　器具 [1]，名称 [2]
　　[1] の解答群

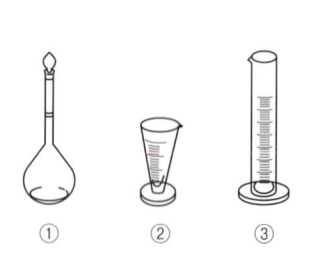

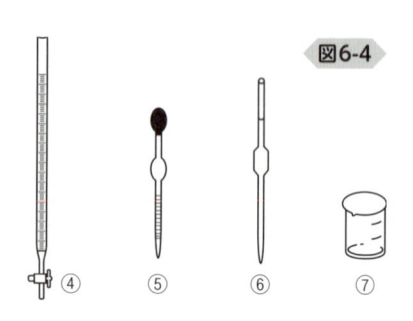

図6-4

　　[2] の解答群
　　① こまごめピペット　② ピペット（ホールピペット）
　　③ ビュレット　　　　④ ビーカー
　　⑤ メスシリンダー　　⑥ メスフラスコ
　　⑦ メートグラス

c　bで選んだ器具は，純水でよく洗った後，どのようにして使用すればよいか。次の①～④のうちから，最も適当なものを一つ選べ。
　　① 火の上にかざすか，熱風を当ててよく乾かしてから使用する。
　　② 少量ずつのAで数回すすいでから，ぬれたまま使用する。
　　③ 少量ずつのAで数回すすいでから，火の上にかざすか，熱風を当ててよく乾かしてから使用する。
　　④ 純水でぬれたまま使用する。

d　Bを入れるビュレットは，純水でよく洗った後，どのようにして使用すればよいか。次の①～④のうちから，最も適当なものを一つ選べ。
　　① 火の上にかざすか，熱風を当ててよく乾かしてから使用する。
　　② 少量ずつのBで数回すすいでから，ぬれたまま使用する。
　　③ 少量ずつのBで数回すすいでから，火の上にかざすか，熱風を当ててよく乾かしてから使用する。
　　④ 純水でぬれたまま使用する。

e　指示薬として何を使ったらよいか。次の①～⑤のうちから，最も適当なものを一つ選べ。ただし，かっこ内のpH値は各指示薬の変色域である。
　　① メチルオレンジ（pH3.1～4.4）
　　② ブロモクレゾールグリーン（BCG）（pH3.8～5.4）
　　③ メチルレッド（pH4.4～6.2）
　　④ リトマス（pH5.0～8.0）
　　⑤ フェノールフタレイン（pH8.3～10.0）

f　滴定を5回繰り返して行った。消費したBの体積の平均値は8.20mLであった。この結果から計算すると，Aの濃度mol/Lはいくらか。次の①～⑥のうちから正しいものを一つ選べ。
　　① 0.041　② 0.082　③ 0.122
　　④ 0.410　⑤ 0.820　⑥ 1.22

（センター）

第6講 酸と塩基

さて, 解いてみましょう。

a　器具の洗い方は大変よく入試に出ます。コニカルビーカーと三角フラスコの違いは **図6-5** を見てください。コニカルビーカーは, 注ぎ口がついている。三角フラスコは注ぎ口がついてなくて, ちょっと口のところが細い。**形は違うけれども, 用途は同じです。**

図6-5
コニカルビーカー　　三角フラスコ

▶**岡野の着目ポイント**　実は, 中和滴定で使う器具はこの5つしかありません。ここでまとめておきます。

単元 4　要点のまとめ ❸

器具の洗い方

メスフラスコ, コニカルビーカー, 三角フラスコ
　純水で洗った後, ぬれたまま使用。

ホールピペット, ビュレット
　使用する溶液で数回すすいだ後, ぬれたまま使用。

　メスフラスコ, コニカルビーカー, 三角フラスコは「**純水で洗った後, ぬれたまま使用**」。これはポイントです。乾かす必要はありません。自然乾燥させるとすごく時間がかかるし, 乾燥器を用いると, 特にガラス器具は変形しやすいからです。
　次に**ホールピペット**と**ビュレット**は,「**使用する溶液ですすいだ後, ぬれたまま使用**」します。
　要するに,「純水で洗った後, ぬれたまま使用」か, あるいは「使用する溶液で数回すすいだ後, ぬれたまま使用」か, どちらかのタイプしかありません。純水で洗ってもいいのは, 測る溶質の物質量が変化しないからです。溶液ですすぐのは, 濃度を変化させないようにするためです。したがって, ⑤が答えです。

⑤……　a　の【答え】

b　次は「コニカルビーカーまたは三角フラスコに，Aを正確に10.0mLとるのに最も適した器具とその名称」を選びます。

> 岡野の着目ポイント　aで出てきたもの以外の3つの形は 図6-6 を見てください。

図6-6

そして，測りとるのに使用する器具は，ホールピペットとメスフラスコとビュレットです。

では，違いをまとめておきます。ここまでおさえておけば，中和滴定の器具の問題は完璧です！

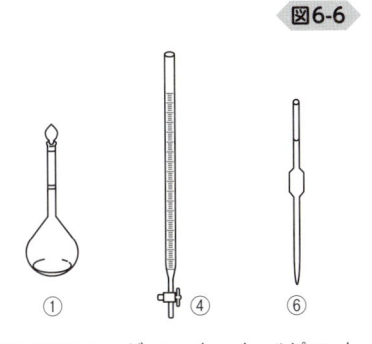

①　　　　　④　　　　　⑥
メスフラスコ　ビュレット　ホールピペット

単元 4　要点のまとめ ❹

器具の使い方

ホールピペット…**少量を正確に測りとる器具**
　　　　　　　　└→（10 〜 25mL）

メスフラスコ…**多量を正確に測りとる器具**
　　　　　　　└→（100 〜 1000mL）

ビュレット…滴下量を正確に測りとる器具

それぞれの測定量をチェックしておきましょう。
今回は，「正確に10.0mLとる」のですから，ホールピペットですね。

⑥……　b　　1　の【答え】
②……　b　　2　の【答え】

c　「bで選んだ器具」，すなわちホールピペットの使い方です。ホールピペットは，使用する溶液で数回すすいだ後，ぬれたまま使えばい

い。よく実験室では共洗いと言っています。特にこのホールピペットは，すごく精度の高い目盛りがついていますから，絶対熱を加えてはいけません。もし，どうしても乾かす場合には，自然乾燥ですが，7～8時間かかります。そんな時間は待てませんね。

　　　　② …… c の【答え】

d　次はビュレットの使い方です。ビュレットはホールピペットと同じグループなので，②です。

　　　　② …… d の【答え】

e　「指示薬として何を使ったらよいか」ですが，例のメチルオレンジかフェノールフタレインのどちらかです。

　そうしますと，酢酸は弱酸，水酸化ナトリウムは強塩基ですから，中和点の液性は，塩基性のほうが強いので弱塩基性を示します。

　よって，塩基性で色が変わるものといったら，フェノールフタレインです。

　　　　⑤ …… e の【答え】

f　208ページのような中和滴定の計算問題です。「滴定を5回繰り返して行った。消費したBの体積の平均値は8.20mLであった」とあります。5回というのは気にする必要はありません。ばらつきがあったけど，平均すると8.20mLだったということです。

　では，求める酢酸水溶液の濃度を x mol/L とおき，計算してみましょう。

解法1：反応式が必要

岡野のこう解く　では，まず反応式を書きますよ。

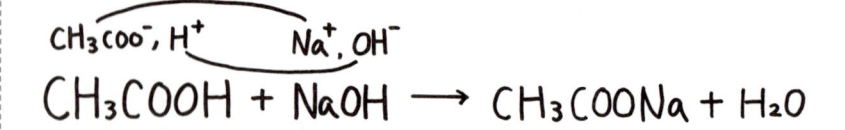

$$\overbrace{CH_3COO^-, H^+} \quad \overbrace{Na^+, OH^-}$$
$$CH_3COOH + NaOH \longrightarrow CH_3COONa + H_2O$$

化学反応式の量的関係から，酢酸と水酸化ナトリウムは1mol：1molの割合で反応します。

　そして，それぞれのここでのmol数は，[公式8] $\boxed{\dfrac{CV}{1000}}$ より，

$\dfrac{x \times 10.0}{1000}$ mol（酢酸）, $\dfrac{0.100 \times 8.20}{1000}$ mol（水酸化ナトリウム）

となります。

整理すると，

$$\begin{pmatrix} \text{CH}_3\text{COOH} & : & \text{NaOH} \\ 1\,mol & & 1\,mol \\ \dfrac{x \times 10.0}{1000}\,mol & & \dfrac{0.100 \times 8.20}{1000}\,mol \end{pmatrix}$$

∴ $\dfrac{x \times 10.0}{1000} \times 1 = \dfrac{0.100 \times 8.20}{1000} \times 1$

∴ $x = 0.082\,mol/L$

∴ ② …… f の【答え】

解法2：反応式が不要

岡野のこう解く　「**H⁺のmol数 = OH⁻のmol数**」という方程式をつくります。**H⁺のmol数**は，酸の**mol数×価数**，**OH⁻のmol数**は，塩基の**mol数×価数**です。

$$\begin{array}{ccc} \text{H}^+\text{のモル数} & = & \text{OH}^-\text{のモル数} \\ \Downarrow & & \Downarrow \\ \text{酸のモル数×価数} & & \text{塩基のモル数×価数} \\ (\text{CH}_3\text{COOH}\ 1\text{価}) & & (\text{NaOH}\ 1\text{価}) \end{array}$$

　酢酸も水酸化ナトリウムも1価ですね。CH₃COOH 1molから，H⁺ 1molが飛び出すので，1価です（NaOHも同様）。

$$\therefore \underbrace{\frac{x \times 10.0}{1000} \times \underbrace{1}_{価数}}_{H^+のモル数} = \underbrace{\frac{0.100 \times 8.20}{1000} \times \underbrace{1}_{価数}}_{OH^-のモル数}$$

∴ $x = 0.082 \text{mol/L}$

∴ ② …… f ▶ の【答え】

慣れてくると解法2のほうが断然速い。よく練習しておきましょう。

(**注意**) 解法2で水素イオンH^+のmol数を計算するとき,「酢酸は弱酸なので, 電離度をかけなくてよいのか？」という疑問です。中和滴定では, 電離度（およそ0.01）をかける必要はありません。結論から言いますと, 中和反応のときは弱酸である酢酸も, 最終的には100%電離するからです。弱酸が単独に存在しているときとは異なります。詳しくは「化学」の範囲になります。参考にしたい方は『岡野の化学が初歩からしっかり身につく「理論化学②＋有機化学②」』の92, 93ページが該当しますので, ご覧下さい。

演習問題で力をつける ⑫
反応式不要の解法もマスターせよ！(3)

問 濃度が0.10mol/Lの酸a・bを10mLずつ取り，それぞれを0.10mol/L水酸化ナトリウム水溶液で滴定し，滴下量と溶液のpHとの関係を調べた。下図に示した滴定曲線を与える酸の組合せとして最も適当なものを，下の①〜⑥のうちから一つ選べ。

(センター)

図6-7

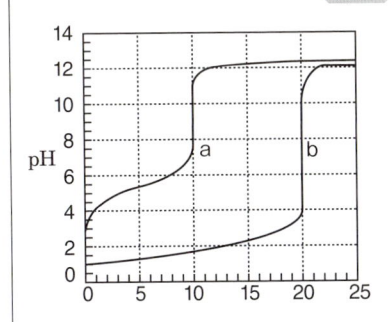

	a	b
①	塩　酸	酢　酸
②	酢　酸	塩　酸
③	硫　酸	塩　酸
④	塩　酸	硫　酸
⑤	硫　酸	酢　酸
⑥	酢　酸	硫　酸

本講単元4で触れた「滴定曲線」(→206ページ)をもう少し掘り下げて見てみましょう。

まず，連続 図6-8① が「強酸＋強塩基」のパターンになります。

「強酸＋強塩基」の滴定曲線

もとは強酸ですから，pHは7よりかなり下のほう，0に近いところから始まります。そして強塩基を加えるので，pHは14に近いところまで上がります。

滴定曲線を読み取ろう

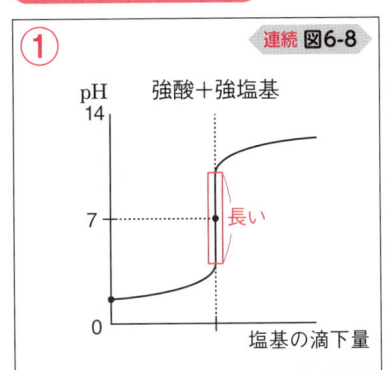

連続 図6-8

そうすると、pHが急激に変化する**垂直な部分**が、「強酸＋強塩基」の場合は、**特徴として長い**。しかもその長い垂直の部分の中点、すなわち**中和点が**、**ほぼ7**のところに来るのです。

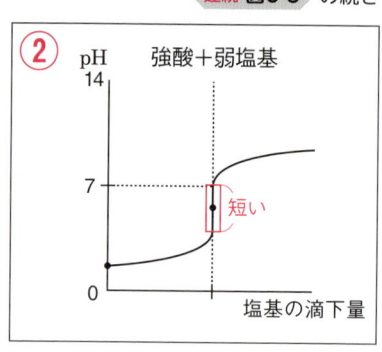

「強酸＋弱塩基」の滴定曲線

「強酸＋弱塩基」の場合も、まずはpHは0に近いところから始まります 連続 図6-8②。そして、弱塩基ですから、曲線はあまり上がらない。図のように**垂直な部分が短く**、**中和点は7より低い**ところにきます。中和点は酸性だということが、図よりわかります。

「弱酸＋強塩基」の滴定曲線

逆に今度は「弱酸＋強塩基」です 連続 図6-8③。弱酸なので7に近いところからはじまり、強塩基ですから、14に近いところまで上がっていきます。そうすると、やはり**垂直な部分は短い**。**中和点は7より上**、すなわち塩基性のところに入ります。

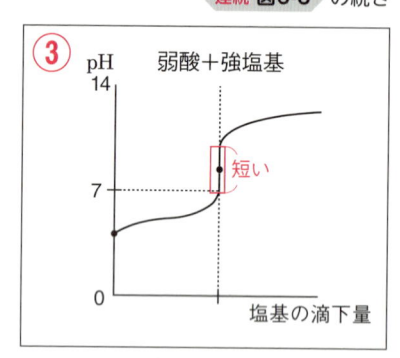

単元 4　指示薬と中和滴定　221

単元 4　要点のまとめ ❺

滴定曲線

滴定にともなう溶液のpH変化を表す曲線を**滴定曲線**という。

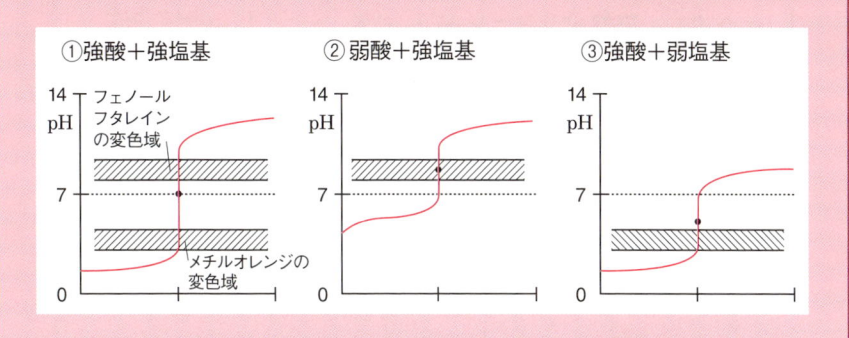

① 強酸＋強塩基　　② 弱酸＋強塩基　　③ 強酸＋弱塩基

（フェノールフタレインの変色域／メチルオレンジの変色域）

さて、解いてみましょう。

　では、問題を解いていきます。今回の 図6-7 はいかがですか？図のaは垂直部分が短く、pHが7に近いところからはじまるので、間違いなく「弱酸＋強塩基」です。一方、図のbは垂直部分が長いから、これは「強酸＋強塩基」です。ここまでよろしいですね？

　では、aはいったい何なんだろうかと、組合せリストを見る。「塩酸・酢酸・硫酸」の中で弱酸といったら、「酢酸」しかない。だから、aはもう「酢酸」だと決まってしまいます。だけど、次のbは見ただけではわかりません。「強酸＋強塩基」タイプですが、「塩酸」も「硫酸」も強酸だからです。だけど、 図6-7 において、**水酸化ナトリウムを20mLまで滴下しなくてはいけなかったということが、今回ポイントになるんです。**

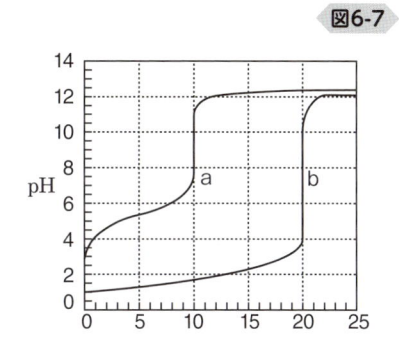

図6-7

水酸化ナトリウム水溶液の滴下量〔mL〕

> **岡野の着目ポイント** ここで，酸bと塩基（水酸化ナトリウム水溶液）は同じ濃度0.10mol/Lなのに，滴定に要した体積は，酸b＝10mL，塩基＝20mLと，1：2の割合になっています。このことから，

中和点が水酸化ナトリウム20mLを加えた時点なので，bは2価の酸であることがわかる。よってbは硫酸。

「何だかよくわからない」という人は，反応式を書いて裏付けをとりましょう。

$$H_2SO_4 + 2NaOH \longrightarrow Na_2SO_4 + 2H_2O$$

$$\left(\begin{array}{cc} 1\,mol & 2\,mol \\ \dfrac{0.10 \times 10}{1000}\,mol & \dfrac{0.10 \times \boxed{20}}{1000}\,mol \end{array} \right) \quad \text{20mL 滴下した!}$$

要するに，硫酸と水酸化ナトリウムというのは，1molと2molの関係で反応が起こります。濃度が同じ0.10mol/Lなら，硫酸の2倍の体積を滴下しないと，1：2の割合にならないのです。

もし「塩酸」だったらどうなるかというと，塩酸と水酸化ナトリウムは1molと1molの関係で反応します（HCl＋NaOH ⟶ NaCl＋H_2O）から，水酸化ナトリウムが10mL加わったときに，中和が完了することになるのです。

∴　⑥　……【答え】

　難しいところもありましたが，よく復習すれば大丈夫です。
　次回にまたお会いしましょう。なお確認問題を用意しましたので，どうぞチャレンジしてみて下さい。

確認問題にチャレンジ！

問1 次の反応Ⅰおよび反応Ⅱ，下線を付した分子およびイオン（a～d）のうち，酸としてはたらくものの組合せとして最も適当なものを，下の①～⑥のうちから一つ選べ。

反応Ⅰ　$HCOOH + \underline{H_2O}_a \rightleftarrows HCOO^- + \underline{H_3O^+}_b$

反応Ⅱ　$NH_3 + \underline{H_2O}_c \rightleftarrows NH_4^+ + \underline{OH^-}_d$

① aとb　② aとc　③ aとd
④ bとc　⑤ bとd　⑥ cとd

問2 1価の酸の0.2mol/L水溶液10mLを，ある塩基の水溶液で中和滴定した。塩基の水溶液の滴下量とpHの関係を 図6-9 に示す。次の問い（a・b）に答えよ。

a　この滴定に関する記述として**誤りを含むもの**を，次の①～⑤のうちから一つ選べ。
① この1価の酸は弱酸である。
② 滴定に用いた塩基の水溶液のpHは12より大きい。
③ 中和点における水溶液のpHは7である。
④ この滴定に適した指示薬はフェノールフタレインである。
⑤ この滴定に用いた塩基の水溶液を用いて，0.1mol/Lの硫酸10mLを中和滴定すると，中和に要する滴下量は20mLである。

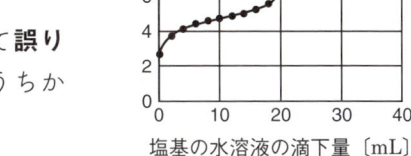

b 滴定に用いた塩基の水溶液として最も適当なものを，次の①～⑥のうちから一つ選べ。
① 0.05mol/Lのアンモニア水
② 0.1mol/Lのアンモニア水
③ 0.2mol/Lのアンモニア水
④ 0.05mol/Lの水酸化ナトリウム水溶液
⑤ 0.1mol/Lの水酸化ナトリウム水溶液
⑥ 0.2mol/Lの水酸化ナトリウム水溶液

問3 次の(1)～(3)は小数第1位で，(4)は整数で答えよ。
(1) 0.05mol/Lの硫酸のpHはいくらか。
(2) 0.005mol/Lの水酸化カルシウム水溶液のpHはいくらか。
(3) 0.1mol/Lのアンモニア水の電離度は0.010である。この水溶液のpHはいくらか。
(4) pH2の水溶液の水素イオン濃度は，pH4の水溶液の水素イオン濃度の何倍か。

問4 次に示す0.1mol/Lの水溶液（ア～ウ）をpHの大きい順に並べたものはどれか。最も適当なものを，下の①～⑥のうちから一つ選べ。
ア CH_3COONa水溶液　　イ NH_4Cl水溶液　　ウ $NaCl$水溶液
① ア＞イ＞ウ　② ア＞ウ＞イ　③ イ＞ア＞ウ
④ イ＞ウ＞ア　⑤ ウ＞ア＞イ　⑥ ウ＞イ＞ア

問5 シュウ酸（$H_2C_2O_4$）水溶液10mLを中和するのに0.10mol/Lの水酸化ナトリウム（NaOH）水溶液20mLを要した。このシュウ酸水溶液の濃度は何mol/Lか。数値は有効数字2桁で求めよ。

問6 0.100mol/Lの希硫酸40.0mLにアンモニアを吸収させた後，この溶液を中和するのに，0.100mol/Lの水酸化ナトリウム水溶液15.0mLを要した。吸収したアンモニアは，標準状態で何mLか。数値は有効数字3桁で求めよ。

さて，解いてみましょう。

問1 HCOOHはギ酸と呼ばれる酸です。

反応Ⅰ　HCOOH + ₐH₂O ⇌ HCOO⁻ + ᵦH₃O⁺

　a　H₂Oは**H⁺を受け取って**H₃O⁺になるので**塩基**です。

　b　H₃O⁺は**H⁺を与えて**H₂Oになるので**酸**です。

反応Ⅱ　NH₃ + ᴄH₂O ⇌ NH₄⁺ + ᴅOH⁻

　c　H₂Oは**H⁺を与えて**OH⁻になるので**酸**です。

　d　OH⁻は**H⁺を受け取って**H₂Oになるので**塩基**です。

よって，酸としてはたらくものはbとcです。

　　　　∴　④ ……　問1　の【答え】

問2 a

① 正　グラフの形から弱酸－強塩基の滴定曲線です。220ページの 連続 図6-8③ と類似しています。

② 正　塩基を40mL加えたときのpHは13に近いので，12より大きいとわかります。

③ 誤　中和点は20mLを加えたときでそのときのpHはグラフより8から9の間の値です。

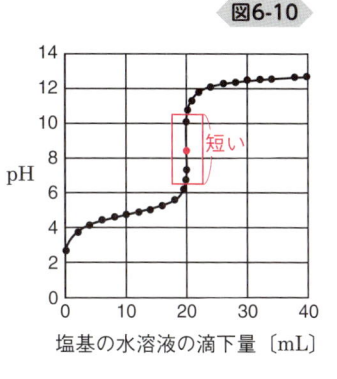

④ 正　中和点でのpHが8から9の間なので，このときに色が変わるフェノールフタレインが適しています。

⑤ 正　このとき使用した塩基の価数がわからないので，塩基のモル濃度は決まりません。

図6-10

ここで，塩基は同じものを使用するので，使用した1価の酸が出すH⁺のmol数と硫酸が出すH⁺のmol数が等しければ，消費される塩基はどちらの時も20mL（グラフからも読み取れます）になります。

では確かめてみましょう。

酸が出すH⁺のmol数は酸のmol数×価数でしたね（210ページ）。

使用した1価の酸の場合

[公式8] $\boxed{\dfrac{CV}{1000}\text{mol}}$ → $\dfrac{0.2 \times 10}{1000} \times \underbrace{1}_{\text{価数}} = 2 \times 10^{-3}\text{mol}$

$\underbrace{\qquad\qquad\qquad\qquad}_{\text{H}^+\text{のモル数}}$

硫酸の場合（H_2SO_4 硫酸は2価の酸です）

∴ $\underbrace{\dfrac{0.1 \times 10}{1000} \times \underbrace{2}_{\text{価数}}}_{\text{H}^+\text{のモル数}} = 2 \times 10^{-3}\text{mol}$

共に生じる H^+ は 2×10^{-3} mol になります。
したがって，滴定に用いた塩基は共に20mLです。

∴ ③ …… 問2a の【答え】

問2b 用いた塩基はaの①からグラフの形で強塩基と決まっていました。選択肢はアンモニア水か水酸化ナトリウム水溶液の2つですから，水酸化ナトリウム水溶液と決まります。では，中和滴定からこの水酸化ナトリウムのモル濃度を計算していきましょう。211ページのまとめを確認してください。

酸が出す H^+ の物質量 (mol) ＝ 塩基が出す OH^- の物質量 (mol)
　　　↓　　　　　　　　　　　　　　　　　↓
　酸の物質量 (mol) ×価数　　　　塩基の物質量 (mol) ×価数

酸または塩基の価数…酸または塩基1molが電離したとき生じる H^+ または OH^- の物質量 (mol) をいう。

ここで，NaOHは1価の塩基です。水酸化ナトリウム水溶液を x mol/L とします。

∴ $\underbrace{\dfrac{0.2 \times 10}{1000} \times \underbrace{1}_{\text{価数}}}_{\text{H}^+\text{のモル数}} = \underbrace{\dfrac{x \times 20}{1000} \times \underbrace{1}_{\text{価数}}}_{\text{OH}^-\text{のモル数}}$

∴ $x = 0.1$ mol/L

よって，0.1mol/Lの水酸化ナトリウム水溶液となります。

∴ ⑤ …… 問2b の【答え】

問3 まず[H$^+$]または[OH$^-$]を求める公式を確認しておきます。

$$[\text{H}^+]\text{ または }[\text{OH}^-] = CZ\alpha \quad \text{［公式7］}$$

$\begin{pmatrix} C：酸または塩基のモル濃度（mol/L） \\ Z：酸または塩基の価数 \\ \alpha：酸または塩基の電離度（小数で表した値） \end{pmatrix}$

この公式に代入すると，酸のモル濃度がわかっているとき[H$^+$]は$CZ\alpha$で求められます。また，塩基のモル濃度がわかっているとき[OH$^-$]は$CZ\alpha$で求められます。

(1) 硫酸（H$_2$SO$_4$）は2価の強酸です。強酸のときはいつでも電離度を1とします。では[H$^+$]を求めてみましょう。

$$[\text{H}^+] = CZ\alpha = 0.05 \times \underset{価数}{2} \times \underset{電離度}{1} = 0.1 = 1 \times 10^{-1} \text{ mol/L}$$

pHの値は[H$^+$]が1×10^{-①} mol/Lのときは1となります（198ページを参照してください）。1×10^{-①}の$-①$乗の①に注目します。この①がpHの値になります。よって，小数第1位で求めますから1.0です。

∴ **1.0** …… **問3(1)** の【答え】

(注意) 化学基礎の範囲では対数logの計算を扱う問題は出題されません。pHの定義の式に$\boxed{\text{pH} = -\log_{10}[\text{H}^+]}$がありますが，化学基礎ではこの式でpHの値を算出させることはありません。

(2) 水酸化カルシウム（Ca(OH)$_2$）は2価の強塩基です。

$$[\text{OH}^-] = CZ\alpha = 0.005 \times \underset{価数}{2} \times \underset{電離度}{1} = 0.01 = 1 \times 10^{-2} \text{ mol/L}$$

ここで[H$^+$]のモル濃度を求めなければなりません。

$$\boxed{[\text{H}^+][\text{OH}^-] = 1.0 \times 10^{-14}} \text{ ― ［公式6］を使います。}$$

$$[\text{H}^+] = \frac{1.0 \times 10^{-14}}{[\text{OH}^-]} = \frac{1.0 \times 10^{-14}}{1 \times 10^{-2}} = 1 \times 10^{-14-(-2)}$$
$$= 1 \times 10^{-12} \text{ mol/L}$$

したがって，pHは[H$^+$] = 1×10^{-⑫}なので⑫になります。小数第1位まで求めるので，12.0です。

∴ **12.0** …… **問3(2)** の【答え】

(3) アンモニア（NH_3）は1価の弱塩基です（195ページの「単元1 要点のまとめ②」より）。

$$[OH^-] = CZα = 0.1 × \underset{価数}{1} × \underset{電離度}{0.010} = 1 × 10^{-3} \text{ mol/L}$$

$$[H^+] = \frac{1.0 × 10^{-14}}{1 × 10^{-3}} = 1 × 10^{-14-(-3)} = 1 × 10^{-11} \text{ mol/L}$$

したがって，pHは11.0と求まります。

∴ **11.0** …… 問3（3） の【答え】

(4) pH2 ⇒ $[H^+] = 1 × 10^{-2}$ mol/L
pH4 ⇒ $[H^+] = 1 × 10^{-4}$ mol/L

$$\frac{\text{pH2の水溶液の水素イオン濃度}}{\text{pH4の水溶液の水素イオン濃度}} = \frac{1 × 10^{-2}}{1 × 10^{-4}} = 1 × 10^{-2-(-4)}$$
$$= 1 × 10^2 = 100 \text{倍}$$

100倍 …… 問3（4） の【答え】

問4 塩の加水分解で，その水溶液が何性を示すかを問う問題です。202ページの「単元3 要点のまとめ②」を確認してください。

ア CH_3COONaのもとの酸と塩基を調べてみましょう。H_2OはH^+とOH^-に分かれていると考えて○と○，△と△を組み合わせて酸と塩基を作ります。

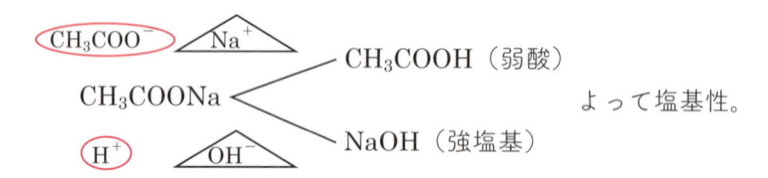

CH_3COONa の構成：
- ○CH_3COO^- + △Na^+ → CH_3COOH（弱酸） + $NaOH$（強塩基）
- ○H^+ + △OH^-

よって塩基性。

イ NH_4Cl の構成：
- ○NH_4^+ + △Cl^- → HCl（強酸） + NH_4OH（弱塩基）（$NH_3 + H_2O$）
- ○H^+ + △OH^-

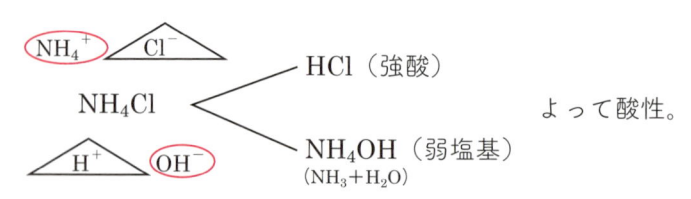

よって酸性。

ウ

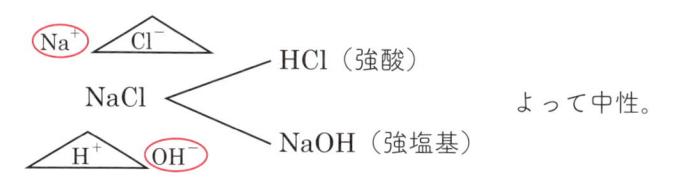

Na⁺ と Cl⁻ → NaCl ← HCl（強酸）
H⁺ と OH⁻   NaOH（強塩基）

よって中性。

pHの大きい順に並べると，塩基性 ＞ 中性 ＞ 酸性

∴ ア ＞ ウ ＞ イ

∴ ② ……　問4　の【答え】

問5　中和滴定の問題です。2通りで解いてみましょう。

解法1

化学反応式を使って解く方法です。

$H_2C_2O_4 + 2NaOH \longrightarrow Na_2C_2O_4 + 2H_2O$

$\underline{H_2C_2O_4}$ ： $\underline{2NaOH}$

$\begin{pmatrix} 1\text{mol} & 2\text{mol} \\ \dfrac{x \times 10}{1000}\text{mol} & \dfrac{0.10 \times 20}{1000}\text{mol} \end{pmatrix}$

シュウ酸水溶液を $x\,\text{mol/L}$ とします。対角線の積は内項と外項の積の関係で等しかったですね。

∴ $\dfrac{x \times 10}{1000} \times 2 = \dfrac{0.10 \times 20}{1000} \times 1$

∴ $x = 0.10\,\text{mol/L}$

∴ **0.10mol/L** ……　問5　の【答え】
（有効数字2桁）

解法2

酸が出すH⁺のモル数＝塩基が出すOH⁻のモル数から求める方法です。

（$H_2C_2O_4$ 2価の酸）（NaOH 1価の塩基）

$\underbrace{\dfrac{x \times 10}{1000} \times \underset{\text{価数}}{2}}_{\text{H⁺のモル数}} = \underbrace{\dfrac{0.10 \times 20}{1000} \times \underset{\text{価数}}{1}}_{\text{OH⁻のモル数}}$

∴ $x = 0.10\,\text{mol/L}$

∴ **0.10mol/L** ……　問5　の【答え】
（有効数字2桁）

問6　この問題は酸が硫酸，塩基がアンモニアと水酸化ナトリウムというように複数の酸と塩基が関係した中和滴定の問題です。このように複数（2種以上）の酸や塩基が関係した中和滴定を逆滴定といいます。

この場合のように1種類の酸と2種類の塩基，または2種類の酸と1種類の塩基，あるいは2種類と2種類のような問題はすべて逆滴定です。

逆滴定の問題では，問5 で使いました**解法2**の解き方の方がはるかに簡単に解けます。

では，まず図を見ていきましょう。

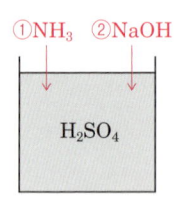

①NH_3　②$NaOH$

ビーカーの中に硫酸が入っています。そこに初めにアンモニア（NH_3）が吸収されます。硫酸とアンモニアが中和反応を起こし，この時点ではまだ硫酸が残っています。次に水酸化ナトリウム（$NaOH$）水溶液を加えて硫酸を完全に中和します。

では，解いてみましょう。

（H_2SO_4　2価の酸）　（NH_3　1価の塩基，$NaOH$　1価の塩基）

吸収したNH_3をx mol とします。NH_3が1価の塩基なのは195ページの「単元1　要点のまとめ②」に書かれています。

$$\underbrace{\frac{0.100 \times 40.0}{1000} \times 2}_{H^+のモル数} = \underbrace{x \times 1 + \frac{0.100 \times 15.0}{1000} \times 1}_{OH^-の合計のモル数}$$

（価数）

$$\therefore\ x = \frac{8}{1000} - \frac{1.5}{1000} = \frac{6.5}{1000} = 6.5 \times 10^{-3}\ \text{mol}\ (NH_3)$$

このNH_3を標準状態の気体の体積で求めます。

[公式2]　$n = \dfrac{V}{22.4}$　⇒　$V = n \times 22.4$　より

$V = 6.5 \times 10^{-3} \times 22.4 = 0.1456\ \text{L}$　⇒　1000倍　145.6 mL

$1L = 1000mL$　　　　　　　　　　　≒ 146 mL

∴　**146 mL** …… 問6 の【答え】
（有効数字3桁）

逆滴定の問題では，**解法2**の化学反応式を使わなくてもできる方法で解くことをお勧めします。

第 7 講

酸化還元

- **単元 1** 酸化還元
- **単元 2** 酸化剤, 還元剤の半反応式
- **単元 3** イオン反応式と化学反応式

第7講のポイント

酸化還元の化学反応式は暗記モノではありません。手順をしっかりおさえれば, かならず自分で書けるようになります。

本講で「酸化還元」について学び, 次講「電池」への土台をつくっておきましょう。

単元 1 酸化還元

1-1 酸化還元は酸化数に注目！

　一般的にみなさんが知っている「**酸化還元**」は，酸素を中心に考えたものでしょう。物質が酸素と化合することを「酸化」，酸素を失うことを「還元」とよびますね。

　しかしそれだけでなく，水素や電子の授受を考えた定義づけもあるのです。まずはまとめておきます。

単元 1　要点のまとめ ❶

酸化還元の定義

	酸化	還元
酸素を中心に考えて	酸素と化合する	酸素を失う
水素を中心に考えて	水素を失う	水素と化合する
電子を中心に考えて	電子を失う（与える）	電子を得る（受け取る）
◎ 酸化数を中心に考えて	増加する	減少する

　水素や電子を中心に考えた定義は，軽めにおさえておけばいいでしょう。

　それで一番大事なのは，「**酸化数を中心に**」考えた定義です。ここのところは，ぜひ，しっかりとおさえておきましょう。これがわかれば，酸化還元の関係はほぼ大丈夫です。

　酸素，水素，電子がどうであれ，**酸化数が増加すると酸化，減少すると還元**になるんですね。ですから，酸化還元は，とにかく

単元 1 酸化還元　233

酸化数がわかればいい。

ということで，次に酸化数の求め方について学びます。

1-2 酸化数の求め方

　酸化数を求めるには，基準となる数値を覚えておかなくてはいけません。特に**太文字**が全部大事です。たいした量ではないので，確実におさえておきましょう。

単元 1 要点のまとめ ❷

酸化数の求め方

酸化数…電荷のかたより（→105ページを参照してみてください）を数値で表したもの。

① **単体**のままの状態における**酸化数は0**である。

② **化合物中**に含まれる**酸素原子の酸化数は−2**である（ただし，H_2O_2 などの過酸化物のときは例外で，このときは**−1**となる）。

③ **化合物中**に含まれる**水素原子の酸化数は＋1**である。

④ **化合物中**に含まれる各原子の**酸化数を総和した値は0**である。

⑤ **イオン**に含まれる各原子の**酸化数を総和した値は，イオンの価数に等しい。**

⑥ **化合物中**に含まれる**アルカリ金属，アルカリ土類金属の酸化数は**，それぞれ**＋1，＋2**である。

⑦ 酸化数を示す（　）は**原子1個分**の酸化数であることに注意する。酸化・還元を扱うとき，酸化数を用いると大変便利である。

ただ読んだだけでは、しっくり来ないでしょう。でも、大丈夫、この酸化数の求め方については、次の例題でしっかり実践していきます。と、その前に、「**酸化剤・還元剤**」という言葉を紹介しておきます。

単元1 要点のまとめ ❸

酸化剤・還元剤
①酸化剤は反応相手を酸化して、酸化剤自身は還元される。
②還元剤は反応相手を還元して、還元剤自身は酸化される。

「酸化剤」というのは、**反応相手を酸化する「薬」**です。解熱剤といったら、熱を下げる薬のことですね。それと同じことです。

そして、相手を酸化するということは、自分はどうなるか？自分は逆の変化が起こります。すなわち**酸化剤自身は還元されるわけです**。

「還元剤」も同様ですね。還元剤は、**反応相手を還元する薬ですから、還元剤自身は逆の変化が起きて酸化されます**。

では例題にいきましょう。

【例題1】次の物質の下線をつけた原子の酸化数を求めよ。
① $H_2\underline{S}$ ② $\underline{S}O_2$ ③ $Cu\underline{S}O_4$ ④ $[\underline{Cu}(NH_3)_4]^{2+}$
⑤ $\underline{N}O_3^-$ ⑥ $K\underline{Cl}O_3$ ⑦ $\underline{O}_2$ ⑧ $\underline{Al}^{3+}$ ⑨ $\underline{Mn}Cl_2$

さて，解いてみましょう。

① 化合物中の水素原子の酸化数は＋1ですから，
H＝＋1，S＝xとおくと，

$\overset{(+1)\ (x)}{H_2S}$

$(+1) \times 2 + x = 0$　　（∵ **化合物中の酸化数の総和は0です**）

　　　　∴　$x = \textcolor{red}{-2}$ …… ① の【答え】

② 化合物中の酸素原子の酸化数は－2ですから，
S＝x，O＝－2とおくと，

$\overset{(x)(-2)}{SO_2}$

$x + (-2) \times 2 = 0$　　∴　$x = \textcolor{red}{+4}$ …… ② の【答え】

③ SO_4^{2-}のように，**イオンに含まれる各原子の酸化数を総和した値は，イオンの価数に等しくなります。**

Cu＝x，SO_4^{2-}＝－2とおくと，

$\overset{(x)\ \ (-2)}{CuSO_4}$

$x + (-2) = 0$　　∴　$x = +2$

　次にCu＝＋2，S＝y，O＝－2とおくと，

$\overset{(+2)(y)(-2)}{CuSO_4}$

$+2 + y + (-2) \times 4 = 0$　　∴　$y = \textcolor{red}{+6}$ …… ③ の【答え】

④ NH₃のように，**化合物中に含まれる各原子の酸化数を総和した値は0**です。

Cu = x，NH₃ = 0 とおくと，

$[\overset{(x)}{\text{Cu}}(\overset{(0)}{\text{NH}_3})_4]^{2+}$

$x + 0 \times 4 = +2$ ∴ $x = \mathbf{+2}$ …… ④ の【答え】

⑤ N = x，O = -2 とおくと，

$\overset{(x)(-2)}{\text{NO}_3}{}^-$

$x + (-2) \times 3 = -1$ ∴ $x = \mathbf{+5}$ …… ⑤ の【答え】

⑥ Kはアルカリ金属で，**化合物中のアルカリ金属の酸化数は+1**なので，

K = +1，Cl = x，O = -2 とおくと，

$\overset{(+1)(x)(-2)}{\text{KClO}_3}$

$(+1) + x + (-2) \times 3 = 0$ ∴ $x = \mathbf{+5}$ …… ⑥ の【答え】

⑦ **単体のままの状態における酸化数は0**です。

∴ **0** …… ⑦ の【答え】

⑧ Al = x とおく ∴ $x = \mathbf{+3}$ …… ⑧ の【答え】

⑨ **Clが右端にあるときは，Clの酸化数を-1とします。**右端にあるときのClは，かならずCl⁻として結合しているからです。

Mn = x，Cl = -1 とおくと，

$\overset{(x)\;(-1)}{\text{MnCl}_2}$

$x+(-1)\times 2=0$　　∴　$x=+2$ …… ⑨ の【答え】

　酸化数の求め方，これがスラスラできないと酸化還元はかなりキツイですよ。**酸化数に関する問題は，この9個が完全にできれば，どんな問題でも解けます。**自分一人でできるようになりましょう。

演習問題で力をつける ⓭
酸化数を正しく求められるかがカギ！

問 次の反応式について，下の文の □ にあてはまる化学記号または化学式を答えよ。

$$MnO_2 + 4HCl \longrightarrow MnCl_2 + Cl_2 + 2H_2O$$

上の式で，酸化数の増加した原子は ア で，減少した原子は イ である。また，酸化された物質は ウ で，還元された物質は エ である。つまり，酸化剤は オ で，還元剤は カ となる。

さて，解いてみましょう。

まず，今から言うところに注目します。問題文の ア の手前「増加した原子」の「**原子**」，イ の手前の「**原子**」。だから ア イ の解答には**原子**を入れなきゃダメです。それから，ウ エ の手前の「**物質**」というところもチェックしておきましょう。これらには**物質**を入れます。

岡野のこう解く　で，こういう問題をやるときには，酸化数を全部求めるんです。さきほどの例題で練習しておくとすぐにわかりますね 連続 図7-1①。

▌酸化数をきっちり求められるようになろう！　　　　　　連続 図7-1

①
$$\underset{(+4)(-2)}{MnO_2} + \underset{(+1)(-1)}{4HCl} \longrightarrow \underset{(+2)(-1)}{MnCl_2} + \underset{(0)}{Cl_2} + \underset{(+1)(-2)}{2H_2O}$$

化合物中の酸素原子は－2，水素原子は＋1，右端の塩素原子は－1など，基準となる数値を覚えておきましょう。

それでまず，酸化数が増加した**原子**を探します。それはClですね。－1→0になっています。逆に減少した**原子**はMnで，＋4→＋2ですね 連続 図7-1②。

連続 図7-1 の続き

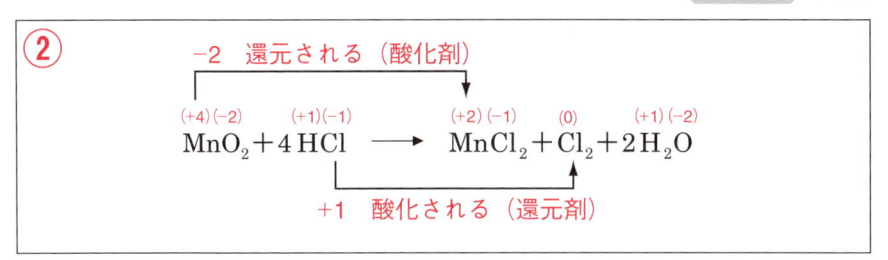

②
$$MnO_2 + 4HCl \longrightarrow MnCl_2 + Cl_2 + 2H_2O$$
(+4)(−2) (+1)(−1) (+2)(−1) (0) (+1)(−2)

−2 還元される（酸化剤）
+1 酸化される（還元剤）

∴ **Cl** …… ア の【答え】

Mn …… イ の【答え】

あとは，いっきに答えが出ます。酸化数が増加したということは酸化，減少したということは還元されたということです。ですから，ウ エ に入る**物質**は，

∴ **HCl** …… ウ の【答え】

MnO₂ …… エ の【答え】

それから最後に，酸化剤，還元剤はどれかと聞かれています。

> **岡野の着目ポイント** 酸化還元は表裏一体で進む反応です。ですから，自分が還元されるということは，相手に対して酸化するので，酸化剤のはたらきをします。逆に，自分が酸化されるということは，相手に対して還元するので，還元剤のはたらきをします。

∴ **MnO₂** …… オ の【答え】

HCl …… カ の【答え】

単元 2 酸化剤, 還元剤の半反応式

ここでは酸化剤, 還元剤についてもっと応用を効かせましょう。電子の授受の範囲まで理解を広げて, 半反応式が自在に書けるように練習します。

2-1 酸化剤

半反応式をつくる際, 酸化剤・還元剤の化学式の変化というものを, 前もって覚えておく必要があります。まず, 酸化剤のまとめの表を紹介します。☆印のところは重要ですが, **なかでも◎をつけた3つは最も頻出なもの**です。

単元2 要点のまとめ ❶

酸化剤（反応前後の化学式の変化）

酸化剤は, 自分自身は還元されて（酸化数が減少する）, 相手を酸化する（◎は頻出）。

◎☆ MnO_4^- ⟶ Mn^{2+}
　　$MnO_4^- + 8H^+ + 5e^- ⟶ Mn^{2+} + 4H_2O$

☆希 HNO_3 ⟶ NO
　　$HNO_3 + 3H^+ + 3e^- ⟶ NO + 2H_2O$

☆濃 HNO_3 ⟶ NO_2
　　$HNO_3 + H^+ + e^- ⟶ NO_2 + H_2O$

☆熱濃 H_2SO_4 ⟶ SO_2

$H_2SO_4 + 2H^+ + 2e^- \longrightarrow SO_2 + 2H_2O$

◎☆$Cr_2O_7^{2-}$ ⟶ $2Cr^{3+}$

$Cr_2O_7^{2-} + 14H^+ + 6e^- \longrightarrow 2Cr^{3+} + 7H_2O$

☆SO_2 ⟶ S

$SO_2 + 4H^+ + 4e^- \longrightarrow S + 2H_2O$

◎☆H_2O_2 ⟶ $2H_2O$

$H_2O_2 + 2H^+ + 2e^- \longrightarrow 2H_2O$

☆Cl_2 ⟶ $2Cl^-$

$Cl_2 + 2e^- \longrightarrow 2Cl^-$

（ハロゲンは F_2,Br_2,I_2 も同じ）

☆Fe^{3+} ⟶ Fe^{2+}

$Fe^{3+} + e^- \longrightarrow Fe^{2+}$

☆印のすぐ下の式が**半反応式です**（なぜ半反応式と呼ぶかは次の例題で説明します）が，☆印の変化さえ覚えておけば，半反応式は同じ手順でつくれます。そのつくり方については，次の例題でやります。

2-2 還元剤

還元剤についても同様に，☆印は重要です。**とりわけ頻出なのは◎の3つです。**

単元 2 要点のまとめ ❷

還元剤（反応前後の化学式の変化）

還元剤は，自分自身は酸化されて（酸化数が増加する），相手を還元する（◎は頻出）。

☆$H_2S \longrightarrow S$
　$H_2S \longrightarrow S + 2H^+ + 2e^-$

◎☆$Fe^{2+} \longrightarrow Fe^{3+}$
　$Fe^{2+} \longrightarrow Fe^{3+} + e^-$

◎☆$H_2O_2 \longrightarrow O_2$
　$H_2O_2 \longrightarrow O_2 + 2H^+ + 2e^-$

☆$SO_2 \longrightarrow SO_4^{2-}$
　$SO_2 + 2H_2O \longrightarrow SO_4^{2-} + 4H^+ + 2e^-$

◎☆$H_2C_2O_4 \longrightarrow 2CO_2$
　$H_2C_2O_4 \longrightarrow 2CO_2 + 2H^+ + 2e^-$

☆$2S_2O_3^{2-} \longrightarrow S_4O_6^{2-}$
　$2S_2O_3^{2-} \longrightarrow S_4O_6^{2-} + 2e^-$

☆$2Cl^- \longrightarrow Cl_2$
　（ハロゲン化物イオンは F^-，Br^-，I^- も同じ）
　$2Cl^- \longrightarrow Cl_2 + 2e^-$

☆$H_2 \longrightarrow 2H^+ + 2e^-$

☆$Na \longrightarrow Na^+ + e^-$
　（他の金属も同じ）

では，次の例題を解きながら，実際に半反応式をつくってみましょう。

単元 2 酸化剤，還元剤の半反応式

【例題2】次の(1), (2)の半反応式を書け。
(1) 過マンガン酸イオン(MnO_4^-)が酸化剤としてはたらくときの反応を半反応式（イオン反応式ともいう）で示せ。
(2) 過酸化水素(H_2O_2)が還元剤としてはたらくときの反応を半反応式で示せ。

さて，解いてみましょう。

(1) 繰り返しますが，今示した◎印の変化だけは，覚えておかなければなりません。

重要❗ $MnO_4^- \rightarrow Mn^{2+}$ （覚えておこう！）

🖊岡野のこう解く あとは手順どおりにいきますよ。

■手順1：O原子の少ないほうの辺に少ない分だけ H_2O を加えて両辺を合わせる

はい，「H_2O」っていうところ，ポイントです。そうするとここで，左辺にはOが4つあって，右辺にはない。ということは，Oが少ないほうにH_2Oを4つ加えて合わせます。

$$MnO_4^- \rightarrow Mn^{2+} + 4H_2O$$

■手順2：H原子の少ないほうの辺に少ない分だけ H^+ を加えて両辺を合わせる

「H^+」っていうところ，チェックします。水素イオンを加えます。右辺にはHが8つあって，左辺にはない。だから左辺に$8H^+$を加えます。

$$MnO_4^- + 8H^+ \rightarrow Mn^{2+} + 4H_2O$$

手順3：電荷の総和の大きいほうの辺に大きい分だけe^-を加えて両辺を合わせる

最後の手順です。「e^-」をチェックします。e^-とは電子のことです。

さて，この時点で両辺の電荷の総和を調べてみます。左辺はMnO_4^-で-1，H^+が8つで$+8$，だから合わせて$+7$です。右辺はMn^{2+}で$+2$，H_2Oは0ですから，合わせて$+2$。だから左辺のほうがプラスの電荷が5個多いですね。

$$MnO_4^- + 8H^+ \longrightarrow Mn^{2+} + 4H_2O$$
$$\boxed{+7} \qquad\qquad \boxed{+2}$$

そこで両辺の電荷が等しくなるように，左辺にe^-を5個加えてやります。

$$MnO_4^- + 8H^+ + 5e^- \longrightarrow Mn^{2+} + 4H_2O \quad \cdots (1)\text{の【答え】}$$

はい，これで半反応式ができました。☆印さえ知っておけば，この手順でスラスラつくれます！

(2) 過酸化水素（H_2O_2）には酸化剤と還元剤の両方のはたらきがあるので注意しましょう。

岡野の着目ポイント

酸化剤？　それとも還元剤？

図7-2 を見てください。O_2になる場合と，H_2Oになる場合，どちらが酸化剤でどちらが還元剤か迷ってしまったとき，自分で確認する

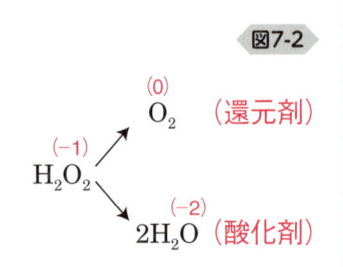

図7-2

$$H_2O_2 \begin{matrix} \nearrow O_2 \ (\text{還元剤}) \\ \searrow 2H_2O \ (\text{酸化剤}) \end{matrix}$$

(-1)　(0)　(-2)

ことができます。

　酸素原子の酸化数の変化で判断します。**過酸化水素の酸素原子の酸化数は，−1でしたね。これはもう覚えておく。**O_2 は単体だから0，H_2O は−2です。

　ということは，−1→0と酸化数が増えているほうが還元剤です。酸化数が増えるということは，自分が酸化されたということ，すなわち相手に対しては還元しているんですよ。

　一方 H_2O の場合は，−1→−2と酸化数が減っているので，自分は還元された，ということは相手を酸化しているので酸化剤です。

アドバイス 第7講「単元2 要点のまとめ①②」において，式の係数までは覚える必要はありません。その理由を説明します。

　例えば $H_2O_2 \longrightarrow 2H_2O$ の場合，酸素原子に着目すると，左辺で2つ，右辺で2つと数が合っています。これは，酸化数が変化する原子については，両辺でかならず同じ数になるという規則があるからです。

　だから，$H_2O_2 \longrightarrow (\ )H_2O$ と覚えておいて，酸化数が変化する原子の数を整えれば，簡単に係数は2だとわかりますね。酸化剤，還元剤のまとめの表はすべてそういう規則になっています。

　では，つづけていきましょう。まず，次の変化は覚えておきます。

重要! $H_2O_2 \longrightarrow O_2$

岡野のこう解く あとは手順どおりです。

手順どおりに実行せよ！

　「手順1」は，O原子を見比べて H_2O を加えますが，両辺とも2個なので加える必要がありません。**省略して構いません。**

「手順2」で，H原子を見比べると，左辺に2個，右辺に0個なので，右辺にH^+を加えて調整します。

$$H_2O_2 \rightarrow O_2 + 2H^+$$
　　　　　　0　　　　　+2

ここで「手順3」，電荷の総和は左辺0，右辺+2なので，e^-で調整すると，

$$H_2O_2 \rightarrow O_2 + 2H^+ + 2e^-　\cdots\cdots (2)　の【答え】$$

手順どおりやれば問題ありませんね。

そしてこれを，過酸化水素の還元剤としての半反応式と言っているわけです。普通は，酸化反応と還元反応は同時に起こっています。けれども，今この式を見ていただくと，酸化反応しか起こっていないですよね。

$$\overset{(-1)}{H_2O_2} \rightarrow \overset{(0)}{O_2} + 2H^+ + 2e^-$$

普通の化学反応式であれば，酸化数が増えたものがあれば，必ず，逆に減ったものがいっしょに入っていなければいけません。ところがこれは半分の酸化反応しかない。ゆえに，半反応式と言っているわけです。よろしいですね。

では，半反応式のつくり方をまとめておきましょう。

単元 2 要点のまとめ ❸

半反応式のつくり方

　第7講「単元2　要点のまとめ①②」の☆印さえわかれば，半反応式は次の手順で書くことができる。とりわけ◎のところは覚えておこう。

手順1：O原子の少ないほうの辺に，少ない分だけH_2Oを加えて両辺を合わせる。

手順2：H原子の少ないほうの辺に，少ない分だけH^+を加えて両辺を合わせる。

手順3：電荷の総和の大きいほうの辺に，大きい分だけe^-を加えて両辺を合わせる。

単元 3 イオン反応式と化学反応式

酸化剤，還元剤の半反応式を組み合わせて1つの**イオン反応式**にまとめ，さらに**化学反応式**（ここではイオン式を含まない反応式のこと）に直す方法を紹介しましょう。

【例題3】
(1) 硫酸酸性で過マンガン酸カリウム溶液に過酸化水素水を加えたときに起こる変化をイオン反応式で示せ。
(2) (1)の変化を化学反応式で示せ。

さて，解いてみましょう。

(1) 過マンガン酸カリウムに過酸化水素を加えて反応させるわけです。そこで酸化剤の過マンガン酸イオンをまず頭に思い浮かべてください。

> **岡野の着目ポイント**
>
> **重要❗** $MnO_4^- \longrightarrow Mn^{2+}$
>
> これ強力な酸化剤なんですね。で，**もう一方の過酸化水素は，普通は酸化剤としてはたらく場合が多いんですが，相手が強力な酸化剤の場合は，還元剤としてはたらきます**。つまり相手を見ながら自分が変わるわけです。
>
> **重要❗** $H_2O_2 \longrightarrow O_2$

単元 3 イオン反応式と化学反応式

　すなわち，過酸化水素は過マンガン酸カリウムと反応するときは還元剤としてはたらきます。**これは知っておいていい内容です。覚えておきましょうね。**

　そして，これらの半反応式はちょうど【例題2】（→243ページ）でやりました。
　まず，過マンガン酸イオンの半反応式は，
$$MnO_4^- + 8H^+ + 5e^- \longrightarrow Mn^{2+} + 4H_2O \quad \text{―――} ④$$
　次に過酸化水素の還元剤としての半反応式は，
$$H_2O_2 \longrightarrow O_2 + 2H^+ + 2e^- \quad \text{―――} ⑩$$

半反応式からイオン式へ

　岡野のこう解く　はい，(1)の問題というのは，「イオン反応式で示せ」という問いです。**イオン反応式というのは，e^- を消去して半反応式を1つにまとめたものです。**「**e^- を消去**」が大事ですよ。じゃあ，**どのようにして消去するかというと，e^- の係数をそろえればいいんです。**

　④の式では5個の e^-，⑩の式は2個の e^-。5と2の最小公倍数は10ですから，④を2倍，⑩を5倍してそろえます。
　④×2＋⑩×5より，

$$2MnO_4^- + \overset{6}{\cancel{16}}H^+ + \cancel{10e^-} \longrightarrow 2Mn^{2+} + 8H_2O \quad \text{―――} ④×2$$
$$+)\underline{ 5H_2O_2 \longrightarrow 5O_2 + \cancel{10}H^+ + \cancel{10e^-} \quad \text{―――} ⑩×5}$$
$$2MnO_4^- + 5H_2O_2 + 6H^+ \longrightarrow 2Mn^{2+} + 5O_2 + 8H_2O$$

方程式と同じですから，左辺と右辺で同じ物があった場合には，消去できます。だから10倍のe^-どうしがまず消えます。それから，㋑×2にはH^+が16個あって，㋺×5にはH^+が10個ありますね。だから10個分ずつは消えて，6個のH^+が残ります。

もう一度結果を書くと，

$$2MnO_4^- + 5H_2O_2 + 6H^+ \longrightarrow 2Mn^{2+} + 5O_2 + 8H_2O$$

…… (1) の【答え】

これがイオン反応式です。

(2) さて，次は「(1)の変化を**化学反応式**で示せ」という問題です。**この化学反応式とは，化合物を使った式のことです。**ですから，**イオン反応式に陽イオンや陰イオンを加えて化合物をつくっていきます。**

どのようにイオンを加えるか？

▶岡野の着目ポイント　それでは，どういうイオンを加えるか？これは，実は(1)の問題文にヒントが出ています。「(1)　硫酸酸性で過マンガン酸カリウム溶液に過酸化水素水を加えたときに起こる変化をイオン反応式で示せ。」って書いてありますね。まず「**硫酸**」に着目します。それから，「**過マンガン酸カリウム**」，あと「**過酸化水素**」に着目します。つまり，**その3つの物質をつくり上げていくために，どんな陽イオンや陰イオンを加えていけばいいのかな，と考えるんです。**

まずは左辺を見てみると…

今，$2MnO_4^- + 5H_2O_2 + 6H^+ \longrightarrow 2Mn^{2+} + 5O_2 + 8H_2O$
となってますね。まず左辺ですが，過酸化水素はすでに物質になっていますから，何もいじる必要はない。あとは，硫酸と過マンガン酸カリウムに直します。

過マンガン酸カリウムは，過マンガン酸イオンに，カリウムイオンを加えればいいですね。$2MnO_4^-$だから－が2個。よって，＋を2個増やしてやれば電気的に中性になるから，$2K^+$を加えます。

$$\underline{2MnO_4^-} + 5H_2O_2 + 6H^+ \longrightarrow 2Mn^{2+} + 5O_2 + 8H_2O$$
$$\uparrow$$
$$2K^+$$

文章から読みとって，自分でつけ加えればいい。で，もうひとつ，水素イオンは硫酸に直します。勝手にCl^-を加えて，塩酸とかにしてはダメですよ！

さて，硫酸は酸化剤一覧の中にもありましたが，ここでの硫酸は，問題文に「硫酸酸性」とあるように，酸性を示すためのものなんです。

実はMnO_4^-が，酸化剤として反応を起こしやすいようにするには酸性がいいんです。アルカリ性にすると，MnO_4^-は，MnO_2にしかならないんですね。

では，H_2SO_4をつくります。そうするとH^+にSO_4^{2-}を加えればいい。$6H^+$（＋6個）に合わせるには$3SO_4^{2-}$（－2個×3）が必要です。

$$\underline{2MnO_4^-} + 5H_2O_2 + \underline{6H^+} \longrightarrow 2Mn^{2+} + 5O_2 + 8H_2O$$
$$\uparrow \qquad\qquad\qquad \uparrow$$
$$2K^+ \qquad\qquad 3SO_4^{2-}$$

これで左辺はOKです。

次に右辺を見てみると…

つづいて右辺にはMn^{2+}がありますが，これについては問題文にヒントはありません。だから，何を加えるのか自分で考えます。このとき，左辺と右辺は等しくなるので，今，左辺で加えたイオンの中からどれかを加えればいい。**そうするとMn^{2+}はプラスのイオンなので，マイナスのイオンのSO_4^{2-}を加えればいい**。プラスとマイナスのクーロン力で引っ張り合います。プラスとプラスは反発し合うからダメです。で，$2Mn^{2+}$（＋2個×2）に合わせるために，$2SO_4^{2-}$（－2個×2）が必要です。

$$2\underline{MnO_4^-} + 5H_2O_2 + \underline{6H^+} \longrightarrow 2\underline{Mn^{2+}} + 5O_2 + 8H_2O$$
$$\uparrow \qquad\qquad\qquad \uparrow \qquad\qquad\qquad \uparrow$$
$$2K^+ \qquad\qquad 3SO_4^{2-} \qquad\qquad 2SO_4^{2-}$$

$$2KMnO_4 + 5H_2O_2 + 3H_2SO_4$$
$$\longrightarrow 2MnSO_4 + 5O_2 + 8H_2O \ （?）$$

> **●岡野の着目ポイント** よく間違えるんですが，これで完成ではありません！ 加える陽イオンや陰イオンは，左辺と右辺で同じ数にしなければいけません。
>
> 今，右辺では$2SO_4^{2-}$しか使っていませんので，まだあとK^+が2個と，SO_4^{2-}が1個残っています。これらからK_2SO_4ができますね。忘れずに右辺に加えておきます。

$$\therefore 2KMnO_4 + 5H_2O_2 + 3H_2SO_4$$
$$\longrightarrow 2MnSO_4 + 5O_2 + 8H_2O + \underline{K_2SO_4}$$

まだ$2K^+$とSO_4^{2-}が残っているので加える。

…… (2) の【答え】

では，酸化還元反応の化学反応式のつくり方をまとめておきましょう。

単元 3 要点のまとめ ❶

酸化還元の化学反応式のつくり方

手順1：酸化剤，還元剤の半反応式を1つの式にまとめる。このとき，**e^-を消去すると1つのイオン反応式にまとめることができる。**

手順2：次に化学反応式に直す。イオン反応式に陽イオンや陰イオンを加えて化合物をつくる。

　これで化学反応式の書き方はおわかりいただけたかと思います。確かに難しいところなので，よく復習をしてみてください。自分で式を書けるようになると，飛躍的に力が伸びていきますよ。今日はここまでです。次回にまたお会いしましょう。

　なお確認問題を用意しましたので，どうぞチャレンジしてみて下さい。

確認問題にチャレンジ！

問1 反応の前後で下線を付した原子の酸化数が3減少した化学反応を，次の①〜④のうちから一つ選べ。

① $3Cu + 8H\underline{N}O_3 \longrightarrow 3Cu(NO_3)_2 + 4H_2O + 2\underline{N}O$
② $2H_2\underline{O}_2 \longrightarrow 2H_2\underline{O} + \underline{O}_2$
③ $Fe + 2H\underline{N}O_3 \longrightarrow Fe(NO_3)_2 + \underline{H}_2$
④ $\underline{C}aCO_3 \longrightarrow \underline{C}aO + \underline{C}O_2$

問2 (1) 硫酸酸性でニクロム酸カリウム溶液にシュウ酸溶液を加えたときに起こる変化をイオン反応式で示せ。
(2) (1)の変化を化学反応式で示せ。

問3 濃度未知の過酸化水素水10.0mLに希硫酸を数滴加え，0.10mol/Lの過マンガン酸カリウム水溶液で滴定したところ，15.0mLを要した。この過酸化水素水の濃度は何mol/Lか。最も適当な値を，次の①〜⑤のうちから1つ選べ。

① 0.125mol/L ② 0.250mol/L ③ 0.375mol/L
④ 0.500mol/L ⑤ 0.750mol/L

問4 酸性の水溶液中で，次のア〜ウの酸化還元反応が起こる。

ア $2Fe^{2+} + H_2O_2 + 2H^+ \longrightarrow 2Fe^{3+} + 2H_2O$
イ $2I^- + H_2O_2 + 2H^+ \longrightarrow I_2 + 2H_2O$
ウ $2I^- + 2Fe^{3+} \longrightarrow I_2 + 2Fe^{2+}$

ア〜ウの反応から，鉄(Ⅲ)イオン(Fe^{3+})，過酸化水素(H_2O_2)，ヨウ素(I_2)の酸化剤としての強さの順序を知ることができる。Fe^{3+}，H_2O_2，I_2が酸化剤としての強さの順に並べられているものを，次の①〜⑥のうちから一つ選べ。

① $Fe^{3+} > H_2O_2 > I_2$ ② $Fe^{3+} > I_2 > H_2O_2$
③ $H_2O_2 > Fe^{3+} > I_2$ ④ $H_2O_2 > I_2 > Fe^{3+}$
⑤ $I_2 > H_2O_2 > Fe^{3+}$ ⑥ $I_2 > Fe^{3+} > H_2O_2$

さて、解いてみましょう。

問1

① $3Cu + 8\overset{(+5)}{\underline{HNO_3}} \longrightarrow 3Cu(NO_3)_2 + 4H_2O + 2\overset{(+2)}{\underline{NO}}$

$\overset{(+1)(x)(-2)}{HNO_3}$ の N の酸化数を求めてみましょう。化合物のときは酸化数を総和した値は0なので(233ページ「単元1 要点のまとめ②」の④より)

$$+1 + x + (-2) \times 3 = 0$$
$$\therefore x = +5$$

$\overset{(y)(-2)}{NO}$ の N の酸化数を求めると(233ページ「単元1 要点のまとめ②」の②より)

$$y + (-2) = 0 \quad \therefore y = +2$$

よって、$+5 \rightarrow +2$
3減少です。

② $2\overset{(-1)}{\underline{H_2O_2}} \longrightarrow 2H_2O + \overset{(0)}{\underline{O_2}}$

H_2O_2 の O の酸化数は例外で -1 となります(233ページ「単元1 要点のまとめ②」の②より)。O_2 の O の酸化数は単体なので 0 です(233ページ「単元1 要点のまとめ②」の①より)。

よって、$-1 \rightarrow 0$
1増加です。

③ $Fe + 2\overset{(+1)}{\underline{HNO_3}} \longrightarrow Fe(NO_3)_2 + \overset{(0)}{\underline{H_2}}$

HNO_3 の H の酸化数は $+1$ です(233ページ「単元1 要点のまとめ②」の③より)。

H_2 の H の酸化数は単体なので 0 です。

よって $+1 \rightarrow 0$
1減少です。

④ $\overset{(+4)}{Ca}CO_3 \longrightarrow CaO + \overset{(+4)}{C}O_2$

$\overset{(+2)(x)(-2)}{CaCO_3}$ の C の酸化数を求めてみましょう(233ページ「単元1 要点のまとめ②」の⑥より)。

$$+2 + x + (-2) \times 3 = 0 \quad \therefore \quad x = +4$$

$\overset{(y)(-2)}{CO_2}$ の C の酸化数は

$$y + (-2) \times 2 = 0 \quad \therefore \quad y = +4$$

よって +4 → +4

変化なしです。

∴ ① …… 問1 の【答え】

問2(1) この反応では,酸化剤が二クロム酸カリウム($K_2Cr_2O_7$)で,還元剤がシュウ酸($H_2C_2O_4$)です(240ページと242ページの「単元2 要点のまとめ」①と②より)。

$K_2Cr_2O_7$ は,$\boxed{Cr_2O_7^{2-} \longrightarrow 2Cr^{3+}}$ の変化で酸化剤として働きます。これを e^- を用いた式(半反応式)で表します。

このとき**手順1**から**手順3**(243ページ)で書きます。

手順1(H_2O を加える) $Cr_2O_7^{2-} \longrightarrow 2Cr^{3+} + 7H_2O$

手順2(H^+ を加える) $Cr_2O_7^{2-} + 14H^+ \longrightarrow 2Cr^{3+} + 7H_2O$
                    $\boxed{+12}$ $\boxed{+6}$

手順3(e^- を加える) $Cr_2O_7^{2-} + 14H^+ + 6e^-$
                    $\longrightarrow 2Cr^{3+} + 7H_2O$ ── ㋑

$H_2C_2O_4$ は $\boxed{H_2C_2O_4 \longrightarrow 2CO_2}$ の変化で還元剤として働きます。

手順1(H_2O を加える) O の数が左辺と右辺で4個ずつ同じなので H_2O は加える必要はありません。

手順2(H^+ を加える) $H_2C_2O_4 \longrightarrow 2CO_2 + 2H^+$
                    $\boxed{+0}$ $\boxed{+2}$

手順3(e^- を加える) $H_2C_2O_4 \longrightarrow 2CO_2 + 2H^+ + 2e^-$ ── ㋺

イオン反応式は㋑の式と㋺の式の e^- を消去して作ります。e^- の係数6と2の最小公倍数は6ですから ㋑ + ㋺ × 3 で e^- が消去できます。

$$\text{Cr}_2\text{O}_7^{2-} + \overset{8}{\cancel{14\text{H}^+}} + \cancel{6\text{e}^-} \longrightarrow 2\text{Cr}^{3+} + 7\text{H}_2\text{O} \longrightarrow ④$$
$$+)\ 3\text{H}_2\text{C}_2\text{O}_4 \longrightarrow 6\text{CO}_2 + \cancel{6\text{H}^+} + \cancel{6\text{e}^-} \longrightarrow ⑩ \times 3$$
$$\overline{\text{Cr}_2\text{O}_7^{2-} + 3\text{H}_2\text{C}_2\text{O}_4 + 8\text{H}^+ \longrightarrow 2\text{Cr}^{3+} + 6\text{CO}_2 + 7\text{H}_2\text{O}}$$

…… **問2 (1)** の【答え】

問2 (2) 次に化学反応式で示してみましょう。

　化学反応式は (1) のイオン反応式に陽イオンや陰イオンを加えて化合物をつくっていきます。本文には硫酸 (H_2SO_4), 二クロム酸カリウム ($K_2Cr_2O_7$), シュウ酸 ($H_2C_2O_4$) が書かれています。化合物に直すときは電気的に0になるように加えます。

$$\underline{\text{Cr}_2\text{O}_7^{2-}} + 3\text{H}_2\text{C}_2\text{O}_4 + \underline{8\text{H}^+} \longrightarrow \underline{2\text{Cr}^{3+}} + 6\text{CO}_2 + 7\text{H}_2\text{O}$$
$$\uparrow \qquad\qquad\qquad \uparrow \qquad\qquad \uparrow$$
$$2\text{K}^+ \qquad\qquad 4\text{SO}_4^{2-} \qquad 3\text{SO}_4^{2-}$$

両辺に $2K^+$ と $4SO_4^{2-}$ を加えます。まだ $2K^+$ と SO_4^{2-} が残っているので右辺に K_2SO_4 を書き加えます。

$$\therefore\ \text{K}_2\text{Cr}_2\text{O}_7 + 3\text{H}_2\text{C}_2\text{O}_4 + 4\text{H}_2\text{SO}_4$$
$$\longrightarrow \text{Cr}_2(\text{SO}_4)_3 + 6\text{CO}_2 + 7\text{H}_2\text{O} + \text{K}_2\text{SO}_4$$

…… **問2 (2)** の【答え】

問3 酸化還元滴定の問題です。2通りの方法で解いてみましょう。

解法1：反応式が必要

　本文の酸化還元反応は252ページ (2) の【答え】と同じ式になります。
$$2\text{KMnO}_4 + 5\text{H}_2\text{O}_2 + 3\text{H}_2\text{SO}_4$$
$$\longrightarrow 2\text{MnSO}_4 + 5\text{O}_2 + 8\text{H}_2\text{O} + \text{K}_2\text{SO}_4$$

過酸化水素水を x mol/L とします。

$$\underline{2\text{KMnO}_4} \quad : \quad \underline{5\text{H}_2\text{O}_2}$$
$$\left(\begin{array}{cc} 2\text{mol} & 5\text{mol} \\ \dfrac{0.10 \times 15.0}{1000}\text{mol} & \dfrac{x \times 10.0}{1000}\text{mol} \end{array}\right)$$

$$\therefore\ \dfrac{0.10 \times 15.0}{1000} \times 5 = \dfrac{x \times 10.0}{1000} \times 2 \longrightarrow Ⓐ$$

$$\therefore\ x = 0.375\text{mol/L} \quad \therefore\ ③ \quad ……\ \textbf{問3}\ の【答え】$$

解法2：反応式が不要

酸化剤が受け取ることのできるe^-のmol数と還元剤が放出することのできるe^-のmol数が等しくなるようにして求める方法です。

この場合は化学反応式は必要ありません。

> **岡野の着目ポイント** 解法を示すために，まず酸化剤が受け取るe^-の物質量（mol）について考えていきます。

$$MnO_4^- + 8H^+ + 5e^- \longrightarrow Mn^{2+} + 4H_2O$$

（244ページ**[例題2]**（1）の**【答え】**）

このとき**e^-の係数5を価数といいます**。（酸化剤の価数です）

例えば，MnO_4^-が1molあったらe^-は5mol受け取ることができます。では，4molのMnO_4^-があったら，e^-は何mol受け取れるでしょう？ 4×5（価数）で20mol受け取れますね。

$$MnO_4^- + 8H^+ + 5e^- \longrightarrow Mn^{2+} + 4H_2O$$
　1mol　　　　　　5mol
　4mol　　　　　　20mol

すなわち，

酸化剤が受け取るe^-のmol数　⇒　酸化剤のmol数×価数

ということが言えます。要するに，酸化剤のmol数に価数をかけたものが受け取ることができるe^-のmol数であるという公式です。

還元剤の方も同様です。

$$H_2O_2 \longrightarrow O_2 + 2H^+ + 2e^-$$

このとき**e^-の係数2を価数といいます**。（還元剤の価数です）

例えばH_2O_2が1molあったらe^-は2mol放出することができます。では5molのH_2O_2があったら，e^-は何mol放出するでしょう？ 5×2（価数）で10mol放出します。

$$H_2O_2 \longrightarrow O_2 + 2H^+ + 2e^-$$
　1mol　　　　2mol
　5mol　　　　10mol

すなわち，

還元剤が放出するe^-のmol数　⇒　還元剤のmol数×価数

ここまでよろしいでしょうか。

酸化剤が受け取るe^-のmol数 ＝ 還元剤が放出するe^-のmol数
　　（KMnO₄　5価の酸化剤）　　　　　　（H₂O₂　2価の還元剤）

※酸化剤または還元剤の価数…酸化剤または還元剤1molが受け取ったり，放出したりする電子(e^-)のmol数(物質量)をいう。

$$\underbrace{\frac{0.10 \times 15.0}{1000} \times \underset{\text{価数}}{5}}_{\text{受け取る}e^-\text{のモル数}} = \underbrace{\frac{x \times 10.0}{1000} \times \underset{\text{価数}}{2}}_{\text{放出する}e^-\text{のモル数}} \quad\text{──Ⓑ}$$

∴ $x = 0.375\ \text{mol/L}$　　∴　③　……　問3　の【答え】

解法1と解法2の最終的なⒶ式とⒷ式は共に同じ形ですね。解法2の方が化学反応式を書かなくてすむ分，短時間で解答できます。

問4　ア～ウの反応式中の酸化剤に注目します。

ア　$2\overset{(+2)}{\text{Fe}^{2+}} + \overset{(-1)}{\text{H}_2\text{O}_2} + 2\text{H}^+ \underset{\text{逆反応}}{\overset{\text{正反応}}{\rightleftarrows}} 2\overset{(+3)}{\text{Fe}^{3+}} + 2\overset{(-2)}{\text{H}_2\text{O}}$
　　　　　　　（酸化剤）　　　　　　　　　　（酸化剤）

正反応（左辺から右辺への反応）では，H₂O₂はOの酸化数が-1から-2と減少しているので還元されています。したがって酸化剤として働きます。

逆反応（右辺から左辺への反応）ではFe³⁺はFeの酸化数が$+3 \rightarrow +2$と減少しているので還元されています。したがって酸化剤として働きます。

H₂O₂もFe³⁺も共に酸化剤として働きます。ここでは左辺から右辺への反応（正反応）が起こっているので，酸化剤としての強さはH₂O₂の方が強いのです。

　　∴　H₂O₂　＞　Fe³⁺

イ　$2\overset{(-1)}{\text{I}^-} + \overset{(-1)}{\text{H}_2\text{O}_2} + 2\text{H}^+ \underset{\text{逆反応}}{\overset{\text{正反応}}{\rightleftarrows}} \overset{(0)}{\text{I}_2} + 2\overset{(-2)}{\text{H}_2\text{O}}$
　　　　　　　　　　（酸化剤）　　　　　　　（酸化剤）

正反応ではアのときと同じで，H₂O₂が酸化剤として働きます。

逆反応ではI₂はIの酸化数が$0 \rightarrow -1$と減少しているので，還元されています。したがって酸化剤として働きます。

H₂O₂もI₂も共に酸化剤として働きます。ここでは左辺から右辺への反応（正反応）が起こっているので酸化剤としての強さはH₂O₂

の方が強いのです。

$$\therefore \quad H_2O_2 \quad > \quad I_2$$

ウ　$\underset{(酸化剤)}{2\overset{(-1)}{I^-} + 2\overset{(+3)}{Fe^{3+}}} \underset{逆反応}{\overset{正反応}{\rightleftarrows}} \underset{(酸化剤)}{\overset{(0)}{I_2} + 2\overset{(+2)}{Fe^{2+}}}$

正反応ではFe^{3+}が酸化剤として働き，逆反応ではI_2が酸化剤として働きます。

Fe^{3+}もI_2も共に酸化剤として働きますが，ここでは左辺から右辺への反応（正反応）が起こっているので酸化剤としての強さはFe^{3+}の方が強いです。

$$\therefore \quad Fe^{3+} \quad > \quad I_2$$

以上より，$H_2O_2 \; > \; Fe^{3+} \; > \; I_2$　となります。

　　∴　③　……　問4　の【答え】

第8講

電池・三態変化

- **単元1** 電池
- **単元2** 三態変化

第8講のポイント

　第8講は「電池・三態変化」というところです。電池はどのようにして作られるか？　色々な電池について説明します。三態変化は言葉の意味を正確に理解していきましょう。

単元 1 電池

　まずは電池のほうから説明いたします。化学でいう電池とは，酸化還元反応を利用して，電気エネルギーを取り出すための装置のことです。

1-1 ボルタ電池

　では，これから4つの電池を紹介していきますが，最初は「**ボルタ電池**」からやってまいります。イタリアの物理学者「ボルタ（1745～1827）」が発明したことから，その名がついたんですね。

　連続 図8-1① を見てください。ボルタ電池といったら，豆電球があって，**亜鉛板（Zn）**と**銅板（Cu）**がある。そして電解液には**希硫酸（H_2SO_4）**が使われます。赤線が引いてあるこの3つの物質は，覚えておきましょう。あとは，図8-2 の「正極」と「負極」の関係をおさえておきます。**電子を送り出すほうの電極を負極といい，受け取るほうの電極を正極といいます。**負極から正極に電子が流れ，電流はその逆（正極から負極）です。これは人が決めたことなんで，あまり深く悩まないでくださいね。

　で，ボルタ電池で覚えておくことはこれだけ（連続 図8-1① と

ボルタ電池の仕組みを理解！

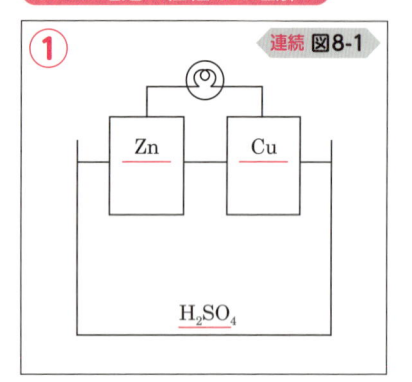

連続 図8-1

①
Zn　Cu
H_2SO_4

図8-2）なんです！ 電池はいろいろと丸暗記しなくちゃいけないと思っている人も多いようですが，そうじゃないんですね。あとは電池の仕組みを考えてやっていけば，暗記は不要です。

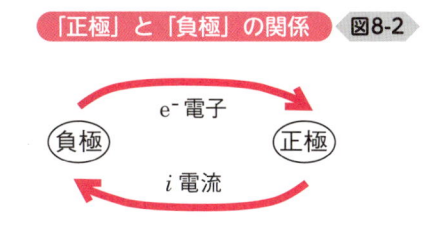

「正極」と「負極」の関係　図8-2

電池というのは，要するに酸化還元反応なんですよ。つまり，酸化剤には電子を受け取る（還元される）性質があって，還元剤には電子を放出する（酸化される）性質がある。電子を放出する反応と，それを受け取る反応が，1つのボックスの中でうまく回転して成り立っていく場合には，理論的にはどんな物質でも電池ができるわけです。

イオン化傾向

今回の場合はZnとCuですが，ここで「**金属のイオン化傾向**」というものを考慮します。金属が水に溶けて陽イオンになる性質を金属のイオン化傾向といい，それの大きい順に並べたものを，金属のイオン化列といいます。

単元 1　要点のまとめ ❶

金属のイオン化傾向とイオン化列

金属が水に溶けて電子を放出し，陽イオンになる性質を，金属の**イオン化傾向**という。

・**金属のイオン化列**

㊇ K　Ca　Na　Mg　Al　Zn　Fe　Ni　Sn　Pb　(H_2)　Cu　Hg　Ag　　Pt　　Au ㊈
　カ　ソ　ウ　カ　ナ　マ　ア　ア　テ　ニ　スンナ　　ヒ　　ド　ス　ギ　ル　ハク（借）キン

金属のイオン化列と化学的性質

　イオン化傾向が大きい金属は酸化されやすく，反応性に富んでいる。逆に，イオン化傾向の小さい金属は不活発で安定である。その関係を酸素・水・酸についてまとめると，次表のようになる。

金属の酸素・水・酸に対する反応性の一覧表

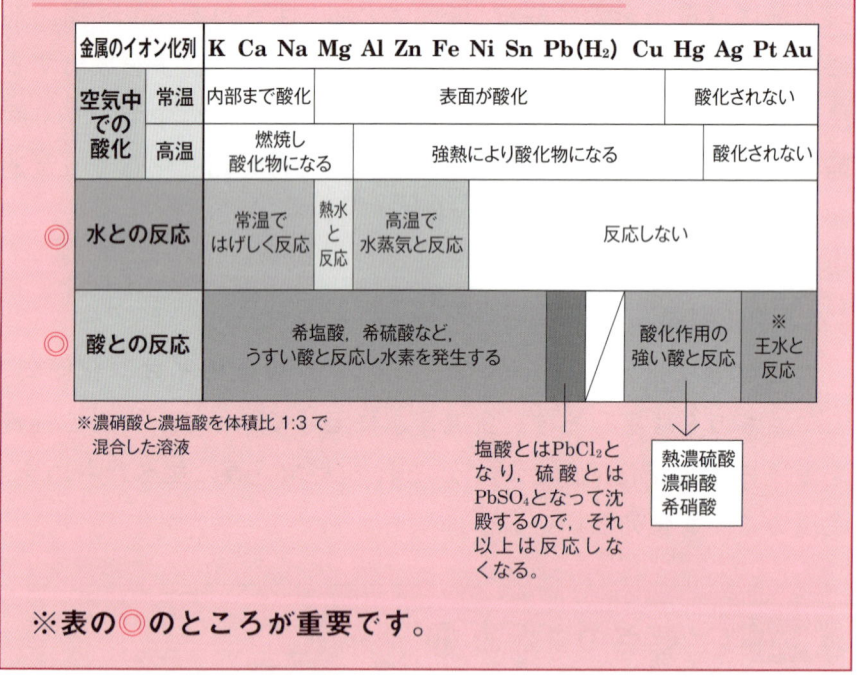

金属のイオン化列		K　Ca　Na　Mg　Al　Zn　Fe　Ni　Sn　Pb　(H$_2$)　Cu　Hg　Ag　Pt　Au
空気中での酸化	常温	内部まで酸化 ／ 表面が酸化 ／ 酸化されない
	高温	燃焼し酸化物になる ／ 強熱により酸化物になる ／ 酸化されない
◎ 水との反応		常温ではげしく反応 ／ 熱水と反応 ／ 高温で水蒸気と反応 ／ 反応しない
◎ 酸との反応		希塩酸，希硫酸など，うすい酸と反応し水素を発生する ／ 酸化作用の強い酸と反応 ／ ※王水と反応

※濃硝酸と濃塩酸を体積比1:3で混合した溶液

塩酸とはPbCl$_2$となり，硫酸とはPbSO$_4$となって沈殿するので，それ以上は反応しなくなる。

熱濃硫酸
濃硝酸
希硝酸

※表の◎のところが重要です。

（**注意**）現行課程ではイオン化傾向の一番大きい金属がLiになり，Kの前にLiが追加されました。これを知らないと特に困るという問題はありませんが，この事実は軽く知っておいて下さい。

　「貸そうかな，まああてにすんな，ひどすぎる借金」というゴロがあります。カリウム（K）が一番陽イオンになりやすくて，金（Au）が一番陽イオンになりにくい。**ここでZnとCuで比べると，Znのほうが陽イオンになりやすい**。だからZn板とCu板が

あったら，**最初にZnのほうがZn²⁺という形でイオンになって溶けていくわけですね**　連続 図8-1②。このとき，半反応式をつくると，

$$Zn \longrightarrow Zn^{2+} + 2e^-$$

暗記ではなく，前講で学んだ半反応式のつくり方の手順どおりです。

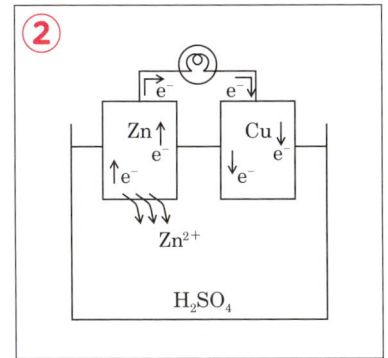

さて，ここでe⁻（電子）はどこに行ったのか？　最初，e⁻はZn板の上にたまってきます。そうすると，いつかZn板の上に収容しきれなくなり，その分だけ導線を通ってCu板のほうに入り込んでいくんです。

一方，電解液のH₂SO₄は電離して，H⁺とSO₄²⁻というイオンになっています。そこでH⁺が流れてきた電子を受け取って，

$$2H^+ + 2e^- \longrightarrow H_2 \uparrow$$

という形で，水素の気泡がCu板に付着してきます　連続 図8-1③。「あれ？　でもZn²⁺がe⁻を受け取ってもいいんじゃないの？」とおっしゃるかもしれません。けれども，これはイオン化列より，ZnよりもHのほうが陽イオンになりにくい。言い換えれば，Zn²⁺はH⁺よりも陽イオンになっていようとするから，H⁺のほうが電子をもらいやすいんです。もし，Zn²⁺が電子をもらってZnになっても，すぐにまた陽イオンに

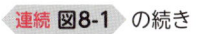

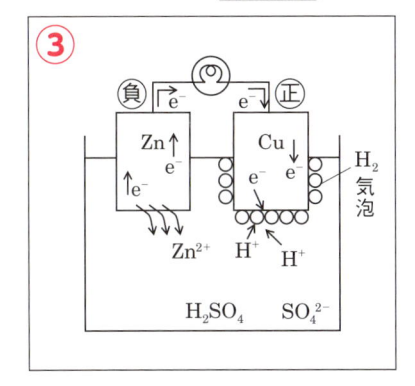

なって溶けてしまいます。

はい，ですから，(図8-2 より) **電子を送り込むZn板が負極になり，電子を受け取るCu板が正極になります。** この電子の流れの激しさによって，豆電球が明るくともったり，ともらなかったりするわけです。

分極で電圧が急降下

電子がどんどん使われ，電球を通り抜けている間は明るくともります。ところが，途中で電子があまり使われなくなってしまう状態があるんですね。それが「**分極**」という現象です。

単元 1 要点のまとめ ❷

分極

分極とは，極板面に付着したH_2気泡が，極板へのH^+の近接を妨げたり，あるいは気泡になる前に$H_2 \longrightarrow 2H^+ + 2e^-$というような逆の起電力を生じて**電圧が急に下がる現象**をいう。減極剤には酸化剤(H_2O_2など)が用いられている。

つまり，Cu板に発生したH_2気泡が付着してバリケードをつくり，H^+がCu板に近づけなくなるのです。すると，H^+は電子をもらえないので，電子自身も交通渋滞のようになって，流れにくくなる 連続 図8-1④ 。または，

$$H_2 \longrightarrow 2H^+ + 2e^-$$

連続 図8-1 の続き

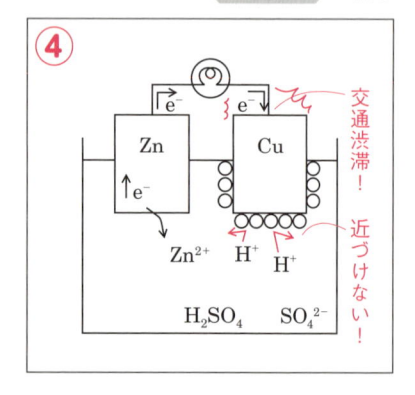

の逆の現象が原因になったりもします。Cu板からe⁻を送り出すような形になって，Zn板から流入してくる電子とゴツンゴツン！とぶつかり合ってしまうのです。

その「**減極剤**（分極を抑える薬，減らす薬）」には，**酸化剤の過酸化水素**（H_2O_2）などが用いられます。

$H_2O_2 + H_2 \longrightarrow 2H_2O$ という反応で，H_2気泡を溶かすんですね。

でも結局，ボルタ電池というのは急に電圧が下がることから，実用化されませんでした。ちょっぴり残念な話ですね。

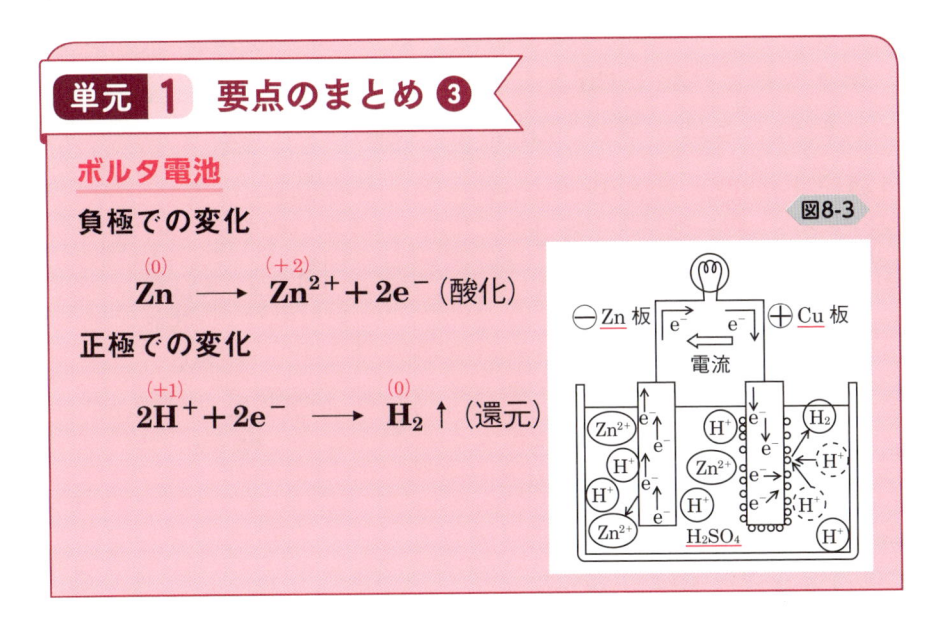

単元 1 要点のまとめ ❸

ボルタ電池

負極での変化

$$\underset{(0)}{Zn} \longrightarrow \underset{(+2)}{Zn^{2+}} + 2e^- \quad (酸化)$$

正極での変化

$$\underset{(+1)}{2H^+} + 2e^- \longrightarrow \underset{(0)}{H_2} \uparrow \quad (還元)$$

図8-3

1-2 ダニエル電池

1836年，イギリスの化学者・物理学者「ダニエル（1790～1845）」が，ボルタ電池よりちょっと改良された形の電池を発明します。それが「**ダニエル電池**」です。ダニエル電池は，分極が起きないことから，実用化電池の第1号となりました。

ダニエル電池も理屈でおさえよう

　連続 図8-4①を見てください。今回は素焼きの板で仕切りを入れています。でも基本的にボルタ電池と同じなんです。ダニエル電池では、**図の赤線が引いてある4つの物質さえ覚えておけば、**あとは正極、負極の仕組みにのっとって考えていけます。

　そうすると、ZnとCuのイオン化傾向を考慮すると、Znがイオンになって溶け出す。これにともない電子は放出され、Cu板のほうへ流れていく 連続 図8-4②。

　負極での変化：

$$Zn \longrightarrow Zn^{2+} + 2e^-$$

　正極での変化がボルタ電池と異なります。正極の電解液中では$CuSO_4$が電離し、Cu^{2+}とSO_4^{2-}のイオンに分かれています。ですから、Cu^{2+}が電子を受け取るんです。これによって銅が析出してきます。最初の銅板の上に銅がペタペタ張られるという、そんな感じになっていくわけです。

　正極での変化：$Cu^{2+} + 2e^- \longrightarrow Cu$

この半反応式も自分で書けるようにしておきましょう。

　それであと大事なことは、**ダニエル電池は分極は起こらないと**

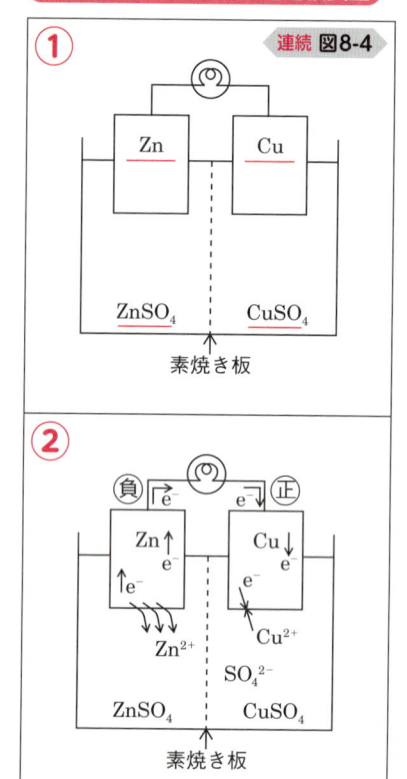

いうこと。ダニエル電池は，銅が銅板にペタペタ張られるだけだから，さきほどの水素の気泡みたいに邪魔されるものがない。ですから，順調に電子が流れるわけです。

素焼きの板を入れる理由

ただ気をつけなくてはいけないのは，ここに素焼きの板を入れる理由です。$ZnSO_4$ と $CuSO_4$ を仕切っていますが，素焼きというのは，いわゆるれんが色をした，植木鉢に使われるそのものをいうんですよ。その素焼きの板を入れると，小さな穴（細孔）があいているから，ちょうどイオンが移動できるんですね。Zn^{2+} が正極側の電解液に移動して，逆に SO_4^{2-} が，負極側の電解液に移動してくるんです 連続 図8-4③ 。SO_4^{2-} は電子が移動していることと変わりないから，これで電子の回路が完成するのです。

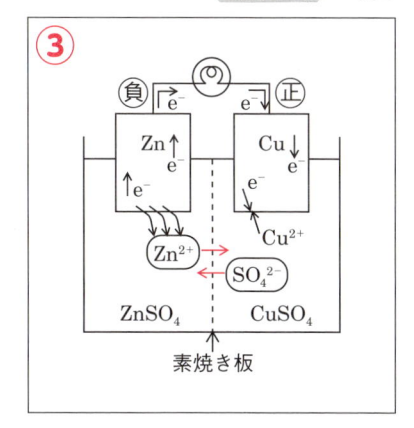

仮に，素焼き板のかわりにガラス板とかで仕切ってしまうと，イオンの移動はありません。負極の電解液には陽イオンがどんどんできるので，負極全体がプラスに帯電していきます。逆に正極側は電子がどんどん入ってくるので，マイナスに帯電していきます。そうすると，電気的にプラスばかりとかマイナスばかりになり，化学変化が起こりづらくなるんですね。

つまり，負極側の電解液に Zn^{2+} がたくさんできて，どんどん濃くなってくると，Zn は Zn^{2+} をつくることをやめてしまうんで

すよ。これでは電子が流れませんね。そこで，Zn^{2+}を正極側に移すことによって，その濃さを薄くするという意味があります。それから電気的な量として，プラスとマイナスを常に中性な状態にしておくということ。それが化学変化を起こしやすくするということなんです。

単元 1 要点のまとめ ❹

ダニエル電池

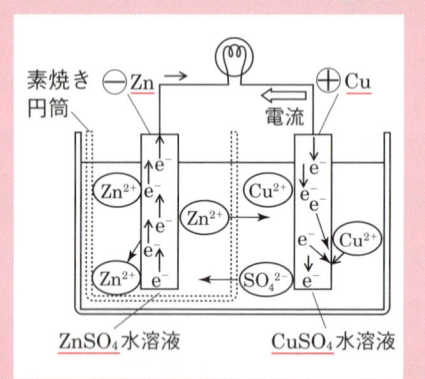

図8-5

負極での変化

$$\overset{(0)}{Zn} \longrightarrow \overset{(+2)}{Zn^{2+}} + 2e^- \text{（酸化）}$$

正極での変化

$$\overset{(+2)}{Cu^{2+}} + 2e^- \longrightarrow \overset{(0)}{Cu} \text{（還元）}$$

分極は起こらない。素焼きの細孔からZn^{2+}およびSO_4^{2-}が矢印の向きに移動する。SO_4^{2-}は電子が移動していることと変わらないから，ここに電子の回路が完成することになる。

1-3 鉛蓄電池

「**鉛蓄電池**」は自動車のバッテリーなどに使われています。入試でも頻出の電池です。これについては，例題を解きながら説明していきましょう。

単元1 電池　271

【例題】
(1) 鉛蓄電池の正極と負極の反応をそれぞれイオン反応式で記せ。また両極の反応をまとめた全体の化学反応式を記せ。
(2) 鉛蓄電池が放電するとき，電池の電解質水溶液の密度は放電前と比べて増えるか，減るか，それとも変化しないか。

さて，解いてみましょう。

(1)(2)　図8-6 を見てください。今度はイオン化傾向を見て，どちらの金属が陽イオンになりやすいかというものではありません。**Pb** と **PbO$_2$**（酸化鉛(Ⅳ)）が極板で，電解液は **H$_2$SO$_4$** です。ここまでは覚えておくしかありません。

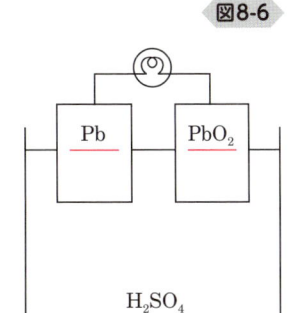

図8-6

(1)で問われている3つの式は丸暗記するように習う人も多いかと思います。「暗記は苦手なんだけど…」という人，大丈夫ですよ。「**岡野流**」のやり方を紹介しましょう！

岡野のこう解く　これは式の丸暗記ではなく，前講で練習した半反応式のつくり方の応用で書けるんですよ。はい，簡単に手順を復習すると，

手順1：O原子の少ない辺に H$_2$O を加えて調整
手順2：H原子の少ない辺に H$^+$ を加えて調整
手順3：電荷の総和を e$^-$ を加えて調整

ということでしたね。これを使っていきます。

▌Pb ⟶ Pb²⁺ からスタート！

まず，☆ $\boxed{\text{Pb} \longrightarrow \text{Pb}^{2+}}$ という変化は覚えておきます。そして「手順1」ですが，O原子は両辺ともないので省略です。「手順2」H原子も両辺とも含んでいないので，省略です。「手順3」電荷の総和を比べると，

$$\text{Pb} \longrightarrow \text{Pb}^{2+}$$
$$\boxed{0} \qquad\quad \boxed{+2}$$

なので，e⁻を加えて調整すると，

$$\text{Pb} \longrightarrow \text{Pb}^{2+} + 2\text{e}^- \quad\text{——[式1]}$$

これを[式1]としておきます。

▌PbO₂ ⟶ Pb²⁺ からスタート！

もう1つ，PbO₂側もやっていきます。

手順1：☆ $\boxed{\text{PbO}_2 \longrightarrow \text{Pb}^{2+}}$（この変化は覚えておきます）で，O原子の数を比べると，右辺が2個少ないから，H₂Oを加えて調整すると，

$$\text{PbO}_2 \longrightarrow \text{Pb}^{2+} + 2\text{H}_2\text{O}$$

手順2：H原子をH⁺で調整します。電荷の総和もついでにチェックしておきましょうか。

$$\text{PbO}_2 + 4\text{H}^+ \longrightarrow \text{Pb}^{2+} + 2\text{H}_2\text{O}$$
$$\qquad\;\;\boxed{+4} \qquad\qquad \boxed{+2}$$

手順3：左辺のほうが，＋2個分多いので，左辺に2e⁻を加えます。

$$\text{PbO}_2 + 4\text{H}^+ + 2\text{e}^- \longrightarrow \text{Pb}^{2+} + 2\text{H}_2\text{O} \quad\text{——[式2]}$$

これを[式2]とします。ここまでよろしいですね？

硫酸との反応

> **岡野の着目ポイント** さてそれで，普通であれば [式1] と [式2] まででしまうんですよ。ところが，これが答えではありません！ もう一度，図8-6 を見てください。電解液に H_2SO_4 を含んでいますよね。ということは，**電離して硫酸イオン SO_4^{2-} が存在しているから，ここでさらに化学変化が起こるんです**。ですから，[式1] [式2] とも，
>
> 両辺に $\boxed{SO_4^{2-}}$ を加える。
>
> これがポイントなんです。みなさんよく忘れるので，忘れないように注意してください。

[式1] に SO_4^{2-} を加えると，

$$Pb + SO_4^{2-} \longrightarrow PbSO_4 + 2e^- \quad \cdots\cdots (1)の【答え】$$

はい，これではじめて負極での変化の完成です。どうして負極とわかるのか？ それは半反応式が示してくれています。**電子 ($2e^-$) が矢印の先にあるということは，電子を放出する反応ということです。つまり，電子を送り込む側の極だから，負極です**（図8-2 を参照）。Pb^{2+} と SO_4^{2-} で，$PbSO_4$（硫酸鉛（Ⅱ））という沈殿ができて Pb 電極の上に析出するんですよ。

もう1つ，[式2] に SO_4^{2-} を加えると，

$$PbO_2 + 4H^+ + SO_4^{2-} + 2e^- \longrightarrow PbSO_4 + 2H_2O$$

$$\cdots\cdots (1)の【答え】$$

こちらも$PbSO_4$の沈殿と，H_2Oができます。**電子($2e^-$)が矢印の手前にあるので，電子を受け取る反応です。つまり，電子が入り込んでくる側，正極ですね。式を見れば正極か負極かはすぐにわかるので，暗記は不要です。**

岡野流必須ポイント⑩　鉛蓄電池の半反応式作成法

「$Pb \longrightarrow Pb^{2+}$」と「$PbO_2 \longrightarrow Pb^{2+}$」
それぞれに，酸化還元で学んだ「半反応式のつくり方**手順1～手順3**」を適用する。
その後，忘れずにSO_4^{2-}を両辺に加えて式を完成させる。
正極か負極かは，完成した式から判断する。

はい，どうぞ正極と負極の変化の式は，「**岡野流**」で書けるようにしておいてくださいね。自分で繰り返し練習することが大事ですよ。

それであと，負極と正極を足してe^-を消去してやれば，3つ目の式の完成です。

$$Pb + PbO_2 + 2H_2SO_4 \underset{充電}{\overset{放電}{\rightleftarrows}} 2PbSO_4 + 2H_2O$$

……(1)の【答え】

左辺のH^+とSO_4^{2-}からは，電解液のH_2SO_4をつくればいいですね。

放電と充電

　──→向きの反応で電流が流れることを「**放電**」といいます。放電していくと，両極板が$PbSO_4$で白く覆われ，起電力が低下します。このとき，別の電源を使って，←──向きの反応を起こすことにより，起電力を回復させることができるんです。これを「**充電**」といいます。

　放電状態では，どんどん硫酸が使われていきますから，その量はどんどん**減って**いきます。ですから，水溶液の**密度は小さく**なります。よって(2)の答えは，次のとおりです。

　　減る（放電するとH_2SO_4は減少するため）……(2)の【**答え**】

　鉛蓄電池では，とにかく今やった3つの式を，確実に書けるようにしておきましょう。

単元 1 要点のまとめ ❺

鉛蓄電池

負極での変化

$$\underset{(0)}{Pb} + SO_4^{2-} \longrightarrow \underset{(+2)}{PbSO_4} + 2e^- \text{（酸化）}$$

正極での変化

$$\underset{(+4)}{PbO_2} + 4H^+ + SO_4^{2-} + 2e^- \longrightarrow \underset{(+2)}{PbSO_4} + 2H_2O \text{（還元）}$$

減極剤はPbO₂である（PbO₂は酸化剤としてはたらいている）。

上の2つの式を1つにまとめると，

$$Pb + PbO_2 + 2H_2SO_4 \underset{充電}{\overset{放電}{\rightleftarrows}} 2PbSO_4 + 2H_2O$$

図8-7

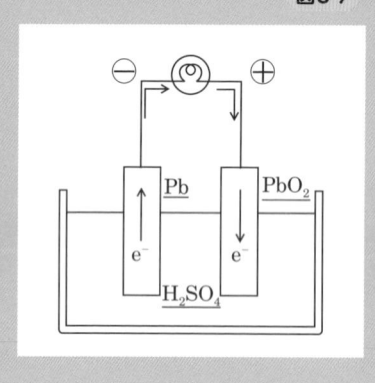

アドバイス 正極での変化で，$4H^+$とSO_4^{2-}を結びつけて，$H_2SO_4 + 2H^+$と書いてはいけません。これはイオン反応式ですから，イオンに分かれているものはイオンのまま書きます。それに対して，1本に直した式は，化学反応式ですので，イオンではなく，化合物で書き表します。

単元 2 三態変化

2-1 三態とは何か？

これから，**物質の三態**について説明いたします。

「三態」とは，物質の「**固体**」「**液体**」「**気体**」の**三つの状態**をいいます。これら三つの状態は，温度や圧力によって変化します。その三態変化の関係と名称は，図8-8 のとおりです。

これらの変化の名称は必ず覚えましょう！

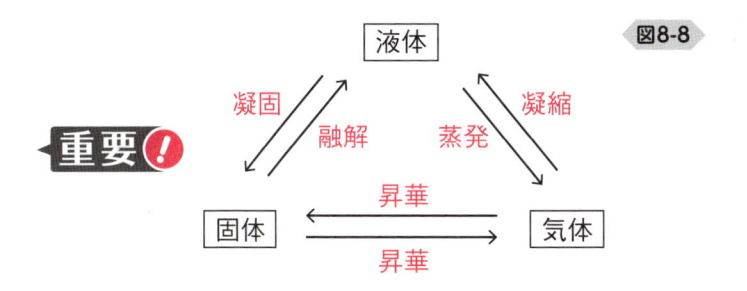

重要！

図8-8

```
          液体
       ↗↙    ↖↘
    凝固      凝縮
    融解      蒸発
    ↙↘      ↗↖
   固体  ←昇華→  気体
         →昇華←
```

・固体と液体の変化

「固体」から「液体」になる変化を「**融解**」といいます。「液体」から「固体」になる変化を「**凝固**」といいます。どちらも漢字で書けるようにして下さいね。

・固体と気体の変化

「固体」から「気体」，「気体」から「固体」の変化は，両方とも「**昇華**」といいます。「中華」の「華」。「華やか」って字ね。「化ける」の「化」じゃないですよ。よく間違えますから，注意してください。

• 気体と液体の変化

「気体」から「液体」になることを「**凝縮**」といいます。

逆に，「液体」から「気体」になることは「**蒸発**」です。「気体に化ける」だから，昔は「気化」って言いました。そうすると「液体」から「気体」も，「固体」から「気体」も，「気化」になっちゃいます。それはまずい，ということで「気化」という言葉は使わなくなりました。

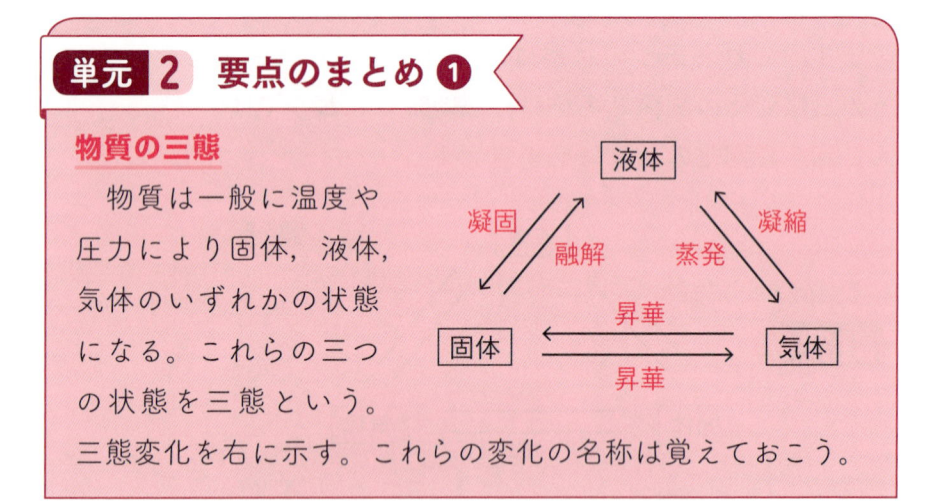

単元 2　要点のまとめ ❶

物質の三態

物質は一般に温度や圧力により固体，液体，気体のいずれかの状態になる。これらの三つの状態を三態という。

三態変化を右に示す。これらの変化の名称は覚えておこう。

```
          液体
       凝固 ↗↙ ↘↖ 凝縮
         融解   蒸発
                昇華
      固体 ←――――→ 気体
                昇華
```

今回は電池と三態変化について学習しました。なお確認問題を用意しましたのでどうぞチャレンジしてみて下さい。

確認問題にチャレンジ！

問1 次のような実験（a～c）を行った。観察された現象の最も適切な記述を，それぞれの文の下に示した①～③のうちから1つずつ選べ。

a 硫酸銅（Ⅱ）水溶液に鉄くぎを浸した。
① 何の変化も起こらなかった。
② 鉄くぎは気体を発生して溶解した。
③ 鉄くぎの表面に銅が析出して赤褐色に変わった。

b 硝酸銀水溶液に白金線を浸した。
① 何の変化も起こらなかった。
② 白金の表面から気体が発生した。
③ 白金の表面に銀が析出して黒色に変わった。

c 水の中に金属ナトリウムを投入した。
① 何の変化も起こらなかった。
② ナトリウムの表面から酸素が発生した。
③ ナトリウムの表面から水素が発生した。

問2 電池に関する次の問い（a・b）に答えよ。

a ある電解質の水溶液に，電極として2種類の金属を浸し，電池とする。この電池に関する次の記述（A～C）について，　ア　～　ウ　に当てはまる語の組合わせとして最も適当なものを，次ページの①～⑧のうちから一つ選べ。
A イオン化傾向のより小さい金属が　ア　極となる。
B 放電させると　イ　極で還元反応が起こる。
C 放電によって電極上で水素が発生する電池では，その電極が　ウ　極である。

	ア	イ	ウ
①	正	正	正
②	正	正	負
③	正	負	正
④	正	負	負
⑤	負	正	正
⑥	負	正	負
⑦	負	負	正
⑧	負	負	負

b 鉛蓄電池を放電させたとき，各電極で起こる反応を表す次の式において， エ ～ キ に当てはまるものの組合せとして最も適当なものを，下の①～⑤のうちから一つ選べ。

負極：Pb + エ ⟶ PbSO₄ + オ

正極：PbO₂ + カ ⟶ PbSO₄ + キ

	エ	オ	カ	キ
①	$2H^+ + SO_4^{2-}$	H_2	$2H^+ + SO_4^{2-}$	H_2O_2
②	$4H^+ + SO_4^{2-} + 2e^-$	$2H_2$	SO_4^{2-}	$O_2 + 2e^-$
③	SO_4^{2-}	$2e^-$	$4H^+ + SO_4^{2-} + 2e^-$	$2H_2O$
④	$SO_4^{2-} + 2H_2O$	$2H_2 + O_2 + 2e^-$	$4H^+ + SO_4^{2-} + 2e^-$	$2H_2O$
⑤	$SO_4^{2-} + 2H_2O$	$4H^+ + O_2 + 6e^-$	$8H^+ + SO_4^{2-} + 6e^-$	$2H_2 + 2H_2O$

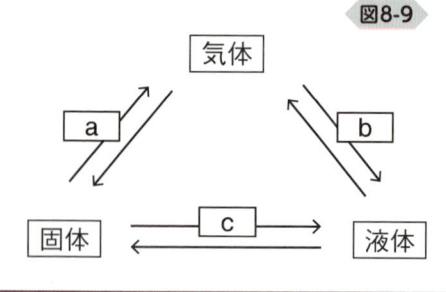

問3 図8-9 は物質の三態の間の状態変化を示したものである。 a ～ c に当てはまる用語の組み合わせとして最も適当なものを，右の①～⑥のうちから一つ選べ。

図8-9

	a	b	c
①	凝縮	昇華	融解
②	凝縮	融解	昇華
③	昇華	凝縮	融解
④	昇華	融解	凝縮
⑤	融解	昇華	凝縮
⑥	融解	凝縮	昇華

さて、解いてみましょう。

問1a イオン化傾向の順番からFe＞Cuであり、Feの方が陽イオンになりやすいです。$CuSO_4$水溶液ではCu^{2+}とSO_4^{2-}に電離しています。Cu^{2+}にFeを浸した状態では、陽イオンになりやすい鉄が陽イオンになっていなくて、陽イオンになりにくい銅が陽イオンになっています。そこで反応が起こり、陽イオンになりやすい鉄が陽イオンになり、なりにくい銅が金属単体に戻るのです。

つまりこの反応はCu^{2+}＋Fe ⟶ Cu＋Fe^{2+}の反応式で示されます。したがって鉄くぎの表面に銅（赤褐色）が析出して赤褐色に変わるのです。

∴ ③ …… 問1a の【答え】

問1b イオン化傾向の順番はAg＞Ptであり、Agの方が陽イオンになりやすいです。

$AgNO_3$水溶液ではAg^+とNO_3^-に電離しています。Ag^+にPtを浸した状態では陽イオンになりやすい銀が陽イオンになっており、陽イオンになりにくい白金が、陽イオンになっていません。この状態で変化する必要はありません。

つまりAg^+＋Pt ⟶ 反応は起こらない。

∴ ① …… 問1b の【答え】

問1c 264ページの「単元1　要点のまとめ①」のイオン化傾向の表中の◎の付いたところの水との反応ではK、Ca、Naの3つの元素は**常温の水**と反応して水素を発生し、Mgは**熱水**と反応して水素を発生し、Al、Fe、Niは**水蒸気**と反応して水素を発生します。

$2Na + 2H_2O$ ⟶ $2NaOH + H_2$の反応が起こっています。

∴ ③ …… 問1c の【答え】

問2a

ア　ボルタ電池を例にとって説明してみましょう（267ページ「単元1　要点のまとめ③」より）。

負極（Zn電極）$\overset{(0)}{\text{Zn}} \longrightarrow \overset{(+2)}{\text{Zn}^{2+}} + 2e^-$ （酸化反応）

正極（Cu電極）$\overset{(+1)}{2\text{H}^+} + 2e^- \longrightarrow \overset{(0)}{\text{H}_2}$ （還元反応）

　イオン化傾向の順番はZn＞Cuですので，イオン化傾向の小さい金属が正極になります。

　　　　∴　ア　正

イ　還元反応が起こるのはCu電極の正極です。

　　　　∴　イ　正

ウ　水素が発生するのは正極です。

　　　　∴　ウ　正

　　　　∴　①……問2 a の【答え】

問2 b　鉛蓄電池の正極，負極で起こる反応式の問題ですね（276ページの「単元1　要点のまとめ⑤」より）。

負極　$\underset{エ}{\text{Pb} + \text{SO}_4{}^{2-}} \longrightarrow \text{PbSO}_4 + \underset{オ}{2e^-}$

正極　$\text{PbO}_2 + \underset{カ}{4\text{H}^+ + \text{SO}_4{}^{2-} + 2e^-} \longrightarrow \text{PbSO}_4 + \underset{キ}{2\text{H}_2\text{O}}$

　上の反応式の書き方は，271ページから274ページにかけて詳しく述べてありますので参照してくださいね。

　　　　∴　③……問2 b の【答え】

問3　278ページ「単元2　要点のまとめ①」の三態変化の図を見ていきましょう。

aは固体から気体になる変化ですから**昇華**ですね。
bは気体が液体になる変化ですから**凝縮**ですね。
cは固体が液体になる変化ですから**融解**ですね。

　　　　∴　③……問3 の【答え】

これで「化学基礎」はすべて終了しました。内容的に難しいところもありましたが，よくがんばってついてきてくれましたね。理解しにくかったところは，何回も読み返してください。かならずわかってもらえると思います。入試ではどの分野も出題されるので，苦手なところがなくなるように勉強していきましょう。みなさんのご健闘をお祈りします。

特別復習テスト 物質の構成について理解しよう！

1. 次の元素記号を元素名に，また元素名を元素記号に直せ。

(1) Na　　(2) Cu　　(3) Au　　(4) Ca　　(5) Zn
(6) Al　　(7) Si　　(8) Pb　　(9) P　　(10) S
(11) Cl　　(12) I　　(13) He　　(14) Ar　　(15) Ni
(16) 水素　　(17) カリウム　　(18) 銀　　(19) マグネシウム
(20) バリウム　　(21) 水銀　　(22) 炭素　　(23) 窒素
(24) 酸素　　(25) 臭素　　(26) マンガン　　(27) ネオン
(28) 鉄　　(29) 白金　　(30) リチウム　　(31) Co
(32) ホウ素　　(33) フッ素　　(34) クロム　　(35) As
(36) Sr　　(37) Cd　　(38) スズ　　(39) クリプトン
(40) ベリリウム　　(41) V

合格ライン…34問正解

2. 原子番号1番から36番までの元素について，元素名，元素記号を原子番号順に書け。

合格ライン…全問正解

3. 下の表の縦と横に書いてあるイオンを結合させたときの分子式または組成式と名称を例にならって完成させよ。イオンの名称は本書最終ページを参考にして下さい。

共有結合でできた物質 →

イオン結合でできた物質 →

	Cl^-	NO_3^-	SO_4^{2-}	CO_3^{2-}	PO_4^{3-}
H^+	例 HCl 塩化水素				
NH_4^+					
Ag^+					
Ca^{2+}					
Mg^{2+}					
Al^{3+}					

合格ライン…全問正解

4. 次の物質を化学式で記せ。

(1) 水　　　　　　　　(2) アンモニア　　　　(3) 過酸化水素
(4) 酸化マンガン(Ⅳ)または，二酸化マンガン
(5) 二酸化硫黄　　　　(6) 二酸化炭素　　　　(7) 一酸化炭素
(8) 十酸化四リン　　　(9) 硫化水素　　　　　(10) 硫酸
(11) 硝酸　　　　　　 (12) 塩酸または，塩化水素
(13) 酸素　　　　　　 (14) 窒素　　　　　　 (15) 塩素
(16) 塩化ナトリウム　 (17) 酸化マグネシウム
(18) 塩化銀　　　　　 (19) 塩素酸カリウム　 (20) 硫酸バリウム
(21) 炭酸ナトリウム　 (22) 硝酸アンモニウム
(23) 塩化アルミニウム (24) 硝酸銀
(25) 塩化銅(Ⅱ)　　　 (26) 塩化銅(Ⅰ)　　　 (27) 酸化鉄(Ⅱ)
(28) 酸化鉄(Ⅲ)　　　 (29) メタン　　　　　 (30) メタノール

注意：塩酸は塩化水素の水溶液をいい，化学式では同じに扱う。

合格ライン…24問正解

※合格ラインに達しない皆さんは，この問題をこのまま覚えるくらいにやり直すことが大切!!

特別復習テストの解答

1

(1) ナトリウム (2) 銅 (3) 金 (4) カルシウム
(5) 亜鉛 (6) アルミニウム (7) ケイ素 (8) 鉛
(9) リン (10) 硫黄 (11) 塩素 (12) ヨウ素
(13) ヘリウム (14) アルゴン (15) ニッケル (16) H
(17) K (18) Ag (19) Mg (20) Ba
(21) Hg (22) C (23) N (24) O
(25) Br (26) Mn (27) Ne (28) Fe
(29) Pt (30) Li (31) コバルト (32) B
(33) F (34) Cr (35) ヒ素 (36) ストロンチウム
(37) カドミウム (38) Sn (39) Kr (40) Be
(41) バナジウム

2 1〜18族がわかるように，原子番号順に書けるようにしておきましょう。

1	2	3	4	5	6	7	8	9	10	11	12	13	14	15	16	17	18
H 水素 水																	He ヘリウム 兵
Li リチウム リー	Be ベリリウム ベ											B ホウ素 ぼ	C 炭素 く	N 窒素 の	O 酸素 お	F フッ素 ふ	Ne ネオン ね
Na ナトリウム なー	Mg マグネシウム まが											Al アルミニウム ある	Si ケイ素 シップ	P りん ス	S 硫黄 クラー	Cl 塩素	Ar アルゴン
K カリウム ク	Ca カルシウム カルシウム	Sc スカンジウム スカンク	Ti チタン 千葉	V バナジウム の	Cr クロム く	Mn マンガン ま	Fe 鉄 徹	Co コバルト 子	Ni ニッケル に	Cu 銅 どう	Zn 亜鉛 会える	Ga ガリウム ガリガリ	Ge ゲルマニウム ギャル	As ヒ素 あっ	Se セレン せれば	Br 臭素 シュー	Kr クリプトン クリーム

3 H^+ との結合の時だけ非金属どうしなので共有結合です。その他は金属と非金属なのでイオン結合です。共有結合から成る化合物は基本的には暗記になってしまいますが，イオン結合から成る化合物は76〜78ページの法則に従います。

	Cl^-	NO_3^-	SO_4^{2-}	CO_3^{2-}	PO_4^{3-}
H^+	HCl 塩化水素または塩酸	HNO_3 硝酸	H_2SO_4 硫酸	H_2CO_3 炭酸	H_3PO_4 リン酸
NH_4^+	NH_4Cl 塩化アンモニウム	NH_4NO_3 硝酸アンモニウム	$(NH_4)_2SO_4$ 硫酸アンモニウム	$(NH_4)_2CO_3$ 炭酸アンモニウム	$(NH_4)_3PO_4$ リン酸アンモニウム
Ag^+	AgCl 塩化銀	$AgNO_3$ 硝酸銀	Ag_2SO_4 硫酸銀	Ag_2CO_3 炭酸銀	Ag_3PO_4 リン酸銀
Ca^{2+}	$CaCl_2$ 塩化カルシウム	$Ca(NO_3)_2$ 硝酸カルシウム	$CaSO_4$ 硫酸カルシウム	$CaCO_3$ 炭酸カルシウム	$Ca_3(PO_4)_2$ リン酸カルシウム
Mg^{2+}	$MgCl_2$ 塩化マグネシウム	$Mg(NO_3)_2$ 硝酸マグネシウム	$MgSO_4$ 硫酸マグネシウム	$MgCO_3$ 炭酸マグネシウム	$Mg_3(PO_4)_2$ リン酸マグネシウム
Al^{3+}	$AlCl_3$ 塩化アルミニウム	$Al(NO_3)_3$ 硝酸アルミニウム	$Al_2(SO_4)_3$ 硫酸アルミニウム	$Al_2(CO_3)_3$ 炭酸アルミニウム	$AlPO_4$ リン酸アルミニウム

4 どの物質も入試には出題されます。ぜひ，書けるようにしておきましょう。

(1) H_2O　　(2) NH_3　　(3) H_2O_2　　(4) MnO_2
(5) SO_2　　(6) CO_2　　(7) CO　　(8) P_4O_{10}
(9) H_2S　　(10) H_2SO_4　　(11) HNO_3　　(12) HCl
(13) O_2　　(14) N_2　　(15) Cl_2　　(16) $NaCl$
(17) MgO　　(18) $AgCl$　　(19) $KClO_3$　　(20) $BaSO_4$
(21) Na_2CO_3　　(22) NH_4NO_3　　(23) $AlCl_3$　　(24) $AgNO_3$
(25) $CuCl_2$　　(26) $CuCl$　　(27) FeO　　(28) Fe_2O_3
(29) CH_4　　(30) CH_3OH

「岡野流 必須ポイント」「要点のまとめ」INDEX

大事なポイント・要点が理解できたか，チェックしましょう。

「岡野流 必須ポイント」INDEX

第1講　原子の構造・周期表
- ☐☐ ① 19番と20番の電子配置図は例外的 …… 18
- ☐☐ ② 中性子数の求め方 …… 45

第2講　元素の性質・化学結合
- ☐☐ ③ イオン化エネルギーと電子親和力のイメージ …… 58
- ☐☐ ④ 電気陰性度の大きい元素 …… 59

第3講　結晶の種類・分子の極性
- ☐☐ ⑤ 共有結合結晶はこの4つ …… 93

第4講　化学量・化学反応式
- ☐☐ ⑥ 質量，気体の体積，個数，物質量は比例関係 …… 131
- ☐☐ ⑦ 密度の単位を分解せよ …… 161
- ☐☐ ⑧ 燃焼反応で知っておくこと …… 165

第5講　溶液・固体の溶解度
- ☐☐ ⑨ 溶解度は4つの比例関係で解く！ …… 181

第8講　電池・三態変化
- ☐☐ ⑩ 鉛蓄電池の半反応式作成法 …… 274

「要点のまとめ」INDEX

第1講　原子の構造・周期表
単元1
- ☐☐ ① 原子の構造 …… 12
- ☐☐ ② 電子殻と最大電子数 …… 14
- ☐☐ ③ 電子式 …… 19
- ☐☐ ④ 同位体（アイソトープ） …… 22
  同素体
- ☐☐ ⑤ 単体 …… 25
  化合物
  物質

単元2
- ☐☐ ① 周期表 …… 28
- ☐☐ ② 周期表の覚え方 …… 29
- ☐☐ ③ 典型元素 …… 31
  遷移元素
- ☐☐ ④ 価電子 …… 33
- ☐☐ ⑤ イオン式のつくり方 …… 39

第2講　元素の性質・化学結合
単元1
- ☐☐ ① イオン化エネルギー …… 53
- ☐☐ ② 電子親和力 …… 56
- ☐☐ ③ 電気陰性度 …… 61

単元2
- ☐☐ ① イオン結合 …… 67
- ☐☐ ② 共有結合 …… 71
- ☐☐ ③ 金属結合 …… 73
- ☐☐ ④ 配位結合 …… 75
- ☐☐ ⑤ 化学式とその名称のつけ方 …… 78

第3講　結晶の種類・分子の極性
単元1
- ☐☐ ① イオン結晶 …… 91
- ☐☐ ② 共有結合結晶 …… 95
- ☐☐ ③ 分子結晶 …… 97

単元2
- ☐☐ ① 極性 …… 105
- ☐☐ ② 極性分子 …… 106
- ☐☐ ③ 無極性分子 …… 109
- ☐☐ ④ 極性分子 …… 113

単元3
☐☐①水素結合 ……………… 118

第4講　化学量・化学反応式
単元1
☐☐①原子量と分子量 ……………… 127
☐☐②化学量の比例関係 ……………… 128
☐☐③比例法とmol法 ……………… 135

単元2
☐☐①化学反応式の係数の決め方 ……… 140

単元3
☐☐①化学反応式の表す意味 ……… 142
☐☐②比例法とmol法 ……………… 149

単元4
☐☐①金属結晶の結晶格子 ……… 151
☐☐②イオン結晶の結晶格子 ……… 156

第5講　溶液・固体の溶解度
単元1
☐☐①溶液＝溶媒＋溶質 ……………… 173
☐☐②質量パーセント濃度 (%) ……… 175
　　モル濃度 (mol/L)
☐☐③電解質と非電解質 ……………… 176

単元2
☐☐①固体の溶解度 ……………… 181

第6講　酸と塩基
単元1
☐☐①酸・塩基の定義 ……………… 194
☐☐②酸・塩基の価数 ……………… 195
　　酸・塩基の強弱

単元2
☐☐①水素イオン濃度とpH ……… 199

単元3
☐☐①中和反応 ……………… 200
☐☐②塩の加水分解 ……………… 202
　　水に溶解させたときの塩の液性

単元4
☐☐①中和滴定 ……………… 207
　　指示薬
☐☐②中和反応の量的関係 ……… 211
☐☐③器具の洗い方 ……………… 214
☐☐④器具の使い方 ……………… 215
☐☐⑤滴定曲線 ……………… 221

第7講　酸化還元
単元1
☐☐①酸化還元の定義 ……………… 232
☐☐②酸化数の求め方 ……………… 233
☐☐③酸化剤・還元剤 ……………… 234

単元2
☐☐①酸化剤 ……………… 240
☐☐②還元剤 ……………… 242
☐☐③半反応式のつくり方 ……… 247

単元3
☐☐①酸化還元の化学反応式のつくり方
　　 ……………… 253

第8講　電池・三態変化
単元1
☐☐①金属のイオン化傾向と
　　イオン化列 ……………… 263
☐☐②分極 ……………… 266
☐☐③ボルタ電池 ……………… 267
☐☐④ダニエル電池 ……………… 270
☐☐⑤鉛蓄電池 ……………… 276

単元2
☐☐①物質の三態 ……………… 278

「演習問題で力をつける」「確認問題にチャレンジ」「例題」 INDEX

第1講 原子の構造・周期表
- □ □ 演習問題で力をつける① …………… 40
   原子の構造を理解しよう！
- □ □ 確認問題にチャレンジ！ ………… 43

第2講 元素の性質・化学結合
- □ □ 演習問題で力をつける② …………… 62
   3点セットで言葉の意味を理解しよう！
- □ □ 演習問題で力をつける③ …………… 79
   結合の種類を見分けよ！
- □ □ 確認問題にチャレンジ！ ………… 81

第3講 結晶の種類・分子の極性
- □ □ 演習問題で力をつける④ ………… 101
   分子結晶と共有結合結晶の違いがポイント！
- □ □ 確認問題にチャレンジ！ ……… 119

第4講 化学量・化学反応式
- □ □ 演習問題で力をつける⑤ ………… 132
   molの計算に慣れよう①！
- □ □ 【例題】 ……………………………… 137
- □ □ 演習問題で力をつける⑥ ………… 143
   molの計算に慣れよう②！
- □ □ 演習問題で力をつける⑦ ………… 158
   結晶格子の仕組みを理解しよう！
- □ □ 確認問題にチャレンジ！ ……… 162

第5講 溶液・固体の溶解度
- □ □ 演習問題で力をつける⑧ ………… 177
   質量パーセント濃度とモル濃度の公式をしっかり確認せよ！

- □ □ 演習問題で力をつける⑨ ………… 182
   温度差による析出量を求めてみよう！
- □ □ 確認問題にチャレンジ！ ……… 184

第6講 酸と塩基
- □ □ 演習問題で力をつける⑩ ………… 208
   反応式不要の解法もマスターせよ！（1）
- □ □ 演習問題で力をつける⑪ ………… 212
   反応式不要の解法もマスターせよ！（2）
- □ □ 演習問題で力をつける⑫ ………… 219
   反応式不要の解法もマスターせよ！（3）
- □ □ 確認問題にチャレンジ！ ……… 223

第7講 酸化還元
- □ □ 【例題1】 …………………………… 234
- □ □ 演習問題で力をつける⑬ ………… 238
   酸化数を正しく求められるかがカギ！
- □ □ 【例題2】 …………………………… 243
- □ □ 【例題3】 …………………………… 248
- □ □ 確認問題にチャレンジ！ ……… 254

第8講 電池・三態変化
- □ □ 【例題】 ……………………………… 271
- □ □ 確認問題にチャレンジ！ ……… 279

特別復習テスト
- □ □ 物質の構成について理解しよう！ … 284

索 引

記号・英数字

δ	107
18族	33
$2n^2$	13
Ag	36
Ag^+	36
Ar	26, 50
Au	264
$Ba(OH)_2$	195
C	20, 92, 129
Ca	17
$Ca(OH)_2$	195
$Ca_3(PO_4)_2$	76
CH_3COOH	193
CH_4	114
Cl	59
Cl^-	66
CO_2	95, 107
Cu	262
$CuSO_4$	88
e^-	244
F	59
H^+	37
H_2O	22, 25, 61, 68, 95, 106, 117, 193
H_2O_2	22
H_2S	112
H_2SO_4	23, 195, 262
H_3O^+	193
HCl	25, 108, 173, 195
He	50, 129
HF	61, 116
HNO_3	78, 195
i	263
I	27
I_2	95, 99
K	14, 26, 264
KOH	195
K_w	197
K殻	10, 13
L殻	10, 13
mol	127
M殻	13
N	19, 59
N_2	25
Na	54
Na^+	34, 66
NaCl	23, 76, 88, 90
NaOH	195
Ne	33, 50, 129
NH_3	23, 61, 108
NH_4^+	200
NH_4Cl	89
NO_3^-	78
N殻	13
O	8, 14, 19, 55, 59, 68
O_2	21, 25
O^{2-}	35
O_3	21
P	21, 129
Pb	24, 271
PbO_2	271
pH	198
S	21, 129
Sc	17
SCOP	21
Si	92, 114
SiC	92
SiO_2	92
Sn	24
SO_2	113
SO_4^{2-}	273
Te	27
Zn	262

ア行

アイソトープ	20, 22
亜鉛板	262
赤リン	21
アボガドロ数	127
アボガドロ定数	127
アルカリ金属	27, 195
アルカリ土類金属	27, 88, 195
アルゴン	26, 50
アレニウス	192
暗算法	137
アンモニア	23, 61, 69, 108
アンモニウムイオン	74
硫黄	21, 129
イオン	33
イオン化エネルギー	50

イオン化傾向 ……… 263	過酸化水素 …… 245, 250	金属のイオン化傾向
イオン化列 ………… 263	価電子 ………… 33, 72	…………………… 263
イオン結合 … 65, 76, 92	価標 ……………… 71	金属のイオン化列 … 263
イオン結晶 … 88, 92, 130	過マンガン酸カリウム	金属陽イオン ……… 97
イオン式 ……… 35, 39	…………………… 248, 250	空間ベクトルの合成
イオン反応式 …… 248	カリウム … 14, 26, 264	…………………… 110
上澄み液 ………… 179	カルシウム ……… 17	空気 ……………… 25
液体 ………… 90, 277	カルシウムイオン … 77	クーロン力 ……… 65
塩 ………………… 200	還元 ……………… 232	グラファイト … 21, 94
塩化アンモニウム	還元剤 …………… 240	ケイ素 ……… 93, 114
…………………… 89, 201	気化 ……………… 278	結晶格子 ………… 150
塩化水素	希ガス ………… 27, 33	元気いい生徒,
……… 25, 108, 172, 195	気体 ……………… 277	ホンとに来るよ.
塩化セシウム型 … 157	気体の体積 ……… 128	合格通知 ………… 59
塩化ナトリウム … 23, 90	逆反応 …………… 193	減極剤 …………… 267
塩化ナトリウム型 … 157	強塩基 ……… 195, 206	原子 ……………… 8
塩化物イオン ……… 66	凝固 ……………… 277	原子核 …………… 10
塩基 ……………… 194	強酸 ………… 195, 206	原子番号 ……… 8, 26
塩基性 …………… 199	凝縮 ……………… 278	原子量 … 26, 126, 130
塩酸 ……… 25, 172, 195	共有結合 … 67, 92, 99	公式1 …… 8, 40, 44
延性 ……………… 97	共有結合結晶 … 92, 99	公式2 … 145, 178, 185
塩の加水分解 …… 201	共有電子対 ……… 70	公式3 … 175, 177, 188
オキソニウムイオン	極性 ……………… 105	公式4
…………………… 193	極性分子 ………… 105	…… 175, 177, 185, 188
オゾン …………… 21	巨大分子 ………… 99	公式6 … 197, 199, 227
折れ線形 ………… 106	希硫酸 ……… 173, 262	公式7 …………… 227
	黄リン …………… 21	公式8 … 208, 217, 226
カ行	金 ………………… 264	構造式 …………… 71
カーボランダム …… 94	銀 ………………… 36	黒鉛 …………… 21, 93
海水 ……………… 25	金属 …………… 52, 88	個数 ……………… 128
化学結合 ………… 65	金属結合 ……… 72, 92	固体 ………… 90, 277
化学反応式	金属結晶 ……… 97, 150	固体の溶解度 …… 179
………… 137, 141, 248	金属単体 ………… 97	コニカルビーカー … 203
化合物 ………… 22, 23		混合物 …………… 24

■サ行

- 最外殻電子 …… 18, 33
- 再結晶 …… 180
- 最大電子数 …… 13
- 酢酸ナトリウム …… 201
- 酸 …… 194
- 酸化 …… 232
- 酸化還元 …… 232
- 三角錐形 …… 108, 111
- 三角フラスコ …… 204
- 酸化剤 …… 240
- 酸化数 …… 232
- 酸化物イオン …… 35
- 酸性 …… 199
- 酸素 …… 14, 19, 21, 68
- 酸素原子 …… 8, 55
- 三態 …… 277
- 三態変化 …… 277
- 四塩化炭素 …… 110
- 式量 …… 127, 130
- 指示薬 …… 203
- 質量 …… 128
- 質量数 …… 8
- 質量パーセント濃度 …… 174
- 弱塩基 …… 195, 206
- 弱酸 …… 206
- 周期 …… 26
- 周期表 …… 26
- 充電 …… 275
- 自由電子 …… 72, 97
- 純物質 …… 24
- 純硫酸 …… 173
- 昇華 …… 96, 277
- 昇華性 …… 96
- 硝酸 …… 172, 195
- 硝酸イオン …… 78
- 蒸発 …… 278
- 食塩水 …… 172
- シラン …… 114
- 水酸化カリウム …… 195
- 水酸化カルシウム …… 195
- 水酸化ナトリウム …… 195
- 水酸化バリウム …… 195
- 水酸化物イオン濃度 …… 197
- 水素イオン …… 37
- 水素イオン指数 …… 198
- 水素イオン濃度 …… 197
- 水素結合 …… 115
- 水素原子 …… 68
- 水溶液 …… 90
- スカンジウム …… 17
- スコップ …… 21
- スズ …… 24
- 正極 …… 262, 274
- 正四面体形 …… 109, 111
- 正四面体構造 …… 99
- 静電気的な引力 …… 65
- 正反応 …… 193
- 析出 …… 180
- 遷移元素 …… 28, 31
- 族 …… 26
- 組成式 …… 130

■タ行

- 体心 …… 152
- 体心立方格子 …… 151
- ダイヤモンド …… 21, 93, 99
- 多原子分子 …… 130
- ダニエル電池 …… 267
- 単位格子 …… 150
- 単原子分子 …… 128
- 炭酸ケイ素 …… 93
- 炭素 …… 20, 99, 129
- 単体 …… 21, 109
- 窒素 …… 19
- 窒素原子 …… 69
- 中性 …… 200
- 中性子 …… 8
- 中和滴定 …… 203
- 中和反応 …… 200
- 中和反応の量的関係 …… 211
- 直線形 …… 107
- 手 …… 99
- 滴定曲線 …… 206
- テルル …… 27
- 電解質 …… 175
- 電荷のかたより …… 105
- 電気 …… 89
- 電気陰性度 …… 54, 58, 109
- 典型元素 …… 31
- 電子 …… 10, 244
- 電子殻 …… 10
- 電子式 …… 18, 19, 66, 68
- 電子親和力 …… 54, 56
- 電子配置図 …… 14
- 展性 …… 97
- 電池 …… 262
- 電離 …… 175
- 電離度 …… 194

293

電流 263
同位体 20, 22
同族元素 112
同素体 20, 22
銅板 262
ドライアイス 95

ナ行

ナトリウムイオン 34, 66
ナトリウム原子 54
鉛 24
鉛蓄電気 270
二酸化硫黄 113
二酸化ケイ素 93
二酸化炭素 107
ネオン 33, 50, 129
燃焼反応 165
濃硫酸 173

ハ行

配位結合 74
ハロゲン 27
ハンダ 24
非共有電子対 70
非金属 52, 88, 92
非金属元素 28
非電解質 175
ビュレット 204
標準状態 128, 131
比例関係 131, 141
ファンデルワールス力 100

フェノールフタレイン 204
負極 262, 273
不対電子 19
フッ化水素 61, 116
物質 24
物質の三態 277
物質量 127, 128
物質量比 141
プラスの電荷 34
ブレンステッド 192
分極 266
分子間力 100
分子結晶 92, 95, 99
分子の極性 105
分子量 126, 130
分数係数法 137
ヘリウム 50, 129
放電 275
飽和溶液 179
ホールピペット 203
ボルタ電池 262

マ行

マイナスの電荷 34
水 25, 61, 68, 95, 106, 200
水のイオン積 197
未定係数法 139
無極性 107
無極性分子 109
メタン 114
メチルオレンジ 204
面心立方格子 151

メンデレーエフ 26
モル 127
モル濃度 174

ヤ行

融解 90, 277
溶液 172
溶解 90
溶解度 179
陽子 8
溶質 172
ヨウ素 27, 95, 99
溶媒 172

ラ行

硫化水素 112
硫酸 23, 172, 195, 250
硫酸イオン 273
リン 21, 129
リン酸イオン 77
リン酸カルシウム 77
六方最密格子 152
六方最密構造 151, 152

岡野雅司先生からの役立つアドバイス

「化学基礎」は範囲も狭く勉強しやすい！

　「化学基礎」は"理解して覚える分野"と"計算する分野"とで，バランスよく成り立っています。覚えることが苦手な人は，計算分野でカバーし，逆に「覚えるのは得意だけど計算は苦手だ」という人は暗記で点を稼ぐということができます。これらの分野をバランスよく学習していくことが，高得点をとるための秘訣といえるでしょう。

　私の授業では，化学が苦手な人でも充分理解できるように，基本を大切に，ていねいに説明しています。化学が得意な人は予習中心で（どんどん進んでも）いいのですが，初歩の人や苦手な人は，復習中心で学習していきましょう。

　無理のない理解で，最終的には入試で高得点を目指していきます。

合格への近道は復習が大事！

　"計算する分野"は物質量（mol数）に関係したところです。「化学基礎」の計算はほとんど物質量です。したがって，物質量が完全に理解できれば，ほとんどすべて解決がつきます。ただし，気を抜くと，すぐに力が落ちてしまいます。継続的に練習しておくことが大切です。どれだけ正確に解けるかは，復習量がモノをいいます。量的な関係を理解し，本質をつかむようにしましょう。

　"理解して覚える分野"は覚える内容を絞って，体系立てて，納得しながら覚えるようにします。覚える量をできるだけ少なくしたい人は，ぜひ岡野流を役立ててください。

　復習で問題を解くときは，ノートを見ながらではなく，自分の力だけで解くことが大切です。ノートを見て，何となくわかった気になっているだけではダメ。自分の力でスラスラできるくらいまでやりこみましょう。

　まんべんなく，好き嫌いなく復習をして，自信をつけたら過去問に取り組みます。その際，本番のつもりで時間を計りながら解いてください。間違ったところが自分の弱点ですから，今まで自分がやってきたもの（ノート，テキスト，参考書など）で再復習をするといいでしょう。

　入試では，とれて当たり前の問題を，確実にとれることが大切です。私といっしょに，最後までがんばっていきましょう！

カバー	●一瀬錠二（アートオブノイズ）
カバー写真	●有限会社写真館ウサミ
本文制作	●BUCH⁺
本文イラスト	●ふじたきりん
編集協力	●岡野絵里

岡野の化学基礎が
初歩からしっかり身につく

2016年 7月 1日　初版　第1刷発行
2017年 6月 2日　初版　第2刷発行

著　者　岡野雅司
発行者　片岡　巌
発行所　株式会社技術評論社
　　　　東京都新宿区市谷左内町 21-13
　　　　電話　03-3513-6150 販売促進部
　　　　　　　03-3267-2270 書籍編集部
印刷・製本　株式会社加藤文明社

定価はカバーに表示してあります。

本書の一部または全部を著作権法の定める範囲を超え、無断で複写、複製、転載、テープ化、ファイル化することを禁じます。

©2016　岡野雅司，岡野総研

造本には細心の注意を払っておりますが、万一、乱丁（ページの乱れ）や落丁（ページの抜け）がございましたら、小社販売促進部までお送りください。送料小社負担にてお取り替えいたします。

ISBN978-4-7741-8147-9 C7043
Printed in Japan

●本書に関する最新情報は、技術評論社ホームページ（http://gihyo.jp）をご覧ください。
●本書へのご意見、ご感想は、技術評論社ホームページ（http://gihyo.jp）または以下の宛先へ書面にてお受けしております。電話でのお問い合わせにはお答えいたしかねますので、あらかじめご了承ください。

〒162-0846
東京都新宿区市谷左内町 21-13
株式会社技術評論社書籍編集部
『岡野の化学基礎が
初歩からしっかり身につく』係
FAX：03-3267-2271

最重要化学公式一覧

公式1　質量数＝陽子数＋中性子数　　　（陽子数＝原子番号）

公式2　$n = \dfrac{w}{M}$　$\begin{pmatrix} n：原子または分子の物質量（mol） \\ w：質量（g） \\ M：原子量または分子量（原子量を用いるときは \\ 単原子分子扱いのもの，あるいは原子の物 \\ 質量（mol）を求めたいとき） \end{pmatrix}$

$n = \dfrac{V}{22.4}$　$\begin{pmatrix} n：気体の物質量（mol） \\ V：標準状態における気体のL数 \end{pmatrix}$

$n = \dfrac{a}{6.02 \times 10^{23}}$　$\begin{pmatrix} n：原子または分子の物質量（mol） \\ a：原子または分子の個数 \end{pmatrix}$

公式3　質量パーセント濃度（％）＝ $\dfrac{溶質のg数}{溶液のg数} \times 100$

公式4　モル濃度（mol/L）＝ $\dfrac{溶質の物質量（mol）}{溶液のL数}$

公式5　物質量（mol）×価数＝グラム当量数

価数	酸または塩基の価数	酸または塩基1molが電離したとき生じるH^+またはOH^-の物質量（mol）をいう。
	酸化剤または還元剤の価数	酸化剤または還元剤1molが受け取ったり，放出したりする電子の物質量（mol）をいう。

化学反応は，それぞれの反応物質の等しいグラム当量数が結びついて過不足なく起こる（中和滴定，酸化還元滴定などに利用できる）。

公式6　$[H^+] \times [OH^-] = 10^{-14}$（mol/L）^{2}
$[H^+]$は，水素イオン濃度を表し，単位はmol/Lである。
$[OH^-]$は，水酸化物イオン濃度を表し，単位はmol/Lである。

公式7　$[H^+]$または$[OH^-] = CZ\alpha$　$\begin{pmatrix} C：酸または塩基のモル濃度 \\ Z：酸または塩基の価数 \\ \alpha：電離度 \end{pmatrix}$

公式8　溶質の物質量（mol）＝ $\dfrac{CV}{1000}$（mol）　$\begin{pmatrix} C：モル濃度 \\ V：溶液のmL数 \end{pmatrix}$

イオンの価数の一覧表

イオン式と名称		価数
H^+	水素イオン	1
Na^+	ナトリウムイオン	1
Ag^+	銀イオン	1
K^+	カリウムイオン	1
Pb^{2+}	鉛イオン	2
Ba^{2+}	バリウムイオン	2
Ca^{2+}	カルシウムイオン	2
Zn^{2+}	亜鉛イオン	2
Mg^{2+}	マグネシウムイオン	2
Al^{3+}	アルミニウムイオン	3
Cu^+	銅(I)イオン	1
Cu^{2+}	銅(II)イオン	2
Fe^{2+}	鉄(II)イオン	2
Fe^{3+}	鉄(III)イオン	3

イオン式と名称		価数
NH_4^+	アンモニウムイオン	1
F^-	フッ化物イオン	1
Cl^-	塩化物イオン	1
Br^-	臭化物イオン	1
I^-	ヨウ化物イオン	1
O^{2-}	酸化物イオン	2
S^{2-}	硫化物イオン	2
CN^-	シアン化物イオン	1
NO_3^-	硝酸イオン	1
OH^-	水酸化物イオン	1
CH_3COO^-	酢酸イオン	1
HSO_4^-	硫酸水素イオン	1
SO_4^{2-}	硫酸イオン	2
HCO_3^-	炭酸水素イオン	1

イオン式と名称		価数
CO_3^{2-}	炭酸イオン	2
$H_2PO_4^-$	リン酸二水素イオン	1
HPO_4^{2-}	リン酸水素イオン	2
PO_4^{3-}	リン酸イオン	3
MnO_4^-	過マンガン酸イオン	1
CrO_4^{2-}	クロム酸イオン	2
$Cr_2O_7^{2-}$	二クロム酸イオン	2
ClO_4^-	過塩素酸イオン	1
ClO_3^-	塩素酸イオン	1
ClO_2^-	亜塩素酸イオン	1
ClO^-	次亜塩素酸イオン	1
SCN^-	チオシアン酸イオン	1
$S_2O_3^{2-}$	チオ硫酸イオン	2
$C_2O_4^{2-}$	シュウ酸イオン	2